エンロン崩壊の真実

PETER C. FUSARO & ROSS M. MILLER
橋本碩也 訳

WHAT WENT WRONG AT ENRON
Everyone's Guide to the Largest Bankruptcy in U.S. History

税務経理協会

WHAT WENT WRONG AT ENRON
Everyone's Guide to the Largest Bankruptcy
in U. S. History
by Peter C. Fusaro and Ross M. Miller

序　三つ子の魂百まで

一九七七年、夏——。
アメリカの一二、一三歳ぐらいまでの子供たちは、全米を覆い尽くす熱狂に取り憑かれていた。「スターウォーズ」という熱狂だった。"a long time ago in a galaxy far, far away（「昔、むかし、はるか彼方の銀河系で……」）"というイントロで始まるこの叙事的ＳＦ映画が、この時、全米各地の劇場で上映されていた。子供たちはジョージ・ルーカス監督・脚本のこの映画を繰り返し観るために、列を作って順番を待った。

スターウォーズは映画だけではなく、さまざまな商売も生み出していた。アクション・フィギュア（模型の人形）、ライト・セイバー（光の剣）、その他関連グッズ一式が売り出され、多くのファンは銀幕のファンタジーを家庭で甦《よみがえ》らせては楽しんでいた。なかでも、以前にベースボール・カードのブームを仕掛けたトップス社のトレーディング・カードは、膨大なスターウォーズのコレクション用グッズのうち、早くから売り上げを伸ばしていた。同社はそのほか、他社が生み出したキャラクターをトレーディング・カードとしてシリーズ化し発売していたが、スターウォーズ・カードの人気が極めて高くなったため、発売後最初の一年間に五つのスターウォーズ・カードシリーズを発売することにした。それぞれ個別のカード・パックを買って、三三〇のカードからなる完全なセット（さらに、五五のステッカーが加わる）を揃えることは、すでに膨大な数が発売されているベースボール・カードを揃えること以上に、簡単には集められない種類の多さだった。

これらカードのターゲット顧客である一二、一三歳ぐらいまでの男の子たちは（それに、物語の中の勇敢で活発なプリンセス・レイアに大いに刺激された、たくさんの女の子たちも）、五シリーズのうちの一シリーズでも、すべてのカードを集めるのは一人ではたいへんであるとすぐに悟った。これほど種類が多ければ、たとえコレクション用のカードを発売していた他の発行会社のように、トップス社が完全なセットは揃えづらいように操作していなかったとしても、全三三〇種類を集めるには、一人ひとりがそれぞれ数千枚のカードを買わなければならない計算となった。ところが、子供たちは複数枚ある余分なカードやそんなに欲しくないカードを他の子供たちと〝トレード（交換）〟することで、もっと短期間に、またお金もそんなにかけずに、完全なコレクションを完成することができることに気づいたのだった。

当時、子供たちが遊び仲間と集まるところには、カードの交換を自分の一生の使命だと考える、この遊びに非凡な才能を見せる子供が一人や二人はいたものだった。そんな子は、どのカードに人気があり、どれがそうではないかを知っていて、それぞれのトレードではいつも得をする立場にいた。また、誰も思いもつかないような取引方法も考え出していた。つまり、交換用カードが手元にない場合でも、目の前にあるどうしても欲しいカードを手に入れることができるトレード方法である。トレードに熟達したこの子が考えたことは、先に欲しいカードを受け取り、その後お店に行って交換用のカードを買って必ず渡すことを約束して、トレードを成立させるのである。

一九六〇年代のトレーディング・カードの達人たちは八〇年代になって金融ブームが沸き上がると、ウォールストリートのトレーディング・ルームに陣取った。それと同様に、スターウォーズのトレーディング・カードで熟達ぶりを発揮した少年も、九〇年代になるとエンロンという会社に現れたのだった。実際、トレーディング・カードで行われた交換のやり方は、株式、債券、オプション、天然ガス、電力、さらにはバンドウィドス（一定時間に光ファイバー・ケーブルなどを経由して送受信される情報量、およびそれによって測られるネットワーク性能。ブロードバンドとはこのうちの大量情報を短時間で送受信可能な接続をいう）の取引に見られるようになった。それらの取引で使う用語にも同じものがあった。なかでも、ごく普通に使われていたのが「スワップ」だった。

ちょうどスターウォーズのカードが人気のあった当時は、ＩＴ（情報技術）が飛躍的に発展を遂げていた時代でもあった。そのＩＴ革命は金融の規制緩和と相まって、アメリカ経済を一九七〇年代から続いていたスタグフレーション（景気停滞〈stagnation〉とインフレーション〈inflation〉の合成語。インフレと失業が併存する状態）から脱出させて、史上最長となるかつてない好景気を作り出していた。さらには、トレーダーたちや取引の媒介業者たちも莫大な儲けを得ていた頃だった。エンロンはそんな好景気の波にうまく飛び乗ったばかりではなく、その波を発生させる側にいたのだ。

では、エンロンはどのようにその波を利用していたのか？　この答えには「スターウォーズ」という映画づくりそのものが挙げられる。つまり、企業がどのようにして金融の仕組みをうまく利用して大きく（そして、間違いなく、良く）なることができたのかは、「スターウォーズ」の制作がよい見本なのだ。その年の二年前に映画ファンを魅了したスティーブン・スピルバーグの「ジョーズ」と同様、スターウォーズの制作費は莫大だった。制作費だけではなく、配給や宣伝にも大金が必要だった。映画の撮影所は、自分たちの立場をこう考えた――ある種類のトレーディング・カードを欲しいのだが――小遣いをもらうまでは何かを交換に出さなければそのカードを手に入れることができない子供たちと同じだ、と（映画制作者にとっての小遣いとは、映画が上映されると切符売り場に入ってくる入場券の売り上げからの分け前だった）。ハリウッドは規模の大きな映画を制作するために、より多くの資金を制作費に投入するようになり、劇場への配給とか宣伝、その他の販促にはあまり予算がとれなくなっていた。劇場自体も資金に余裕はなく、常に金銭的に困窮しているような状況だった。

幸いハリウッドと映画の好きな大衆の前に、ウォールストリートからディール・メーカーという救世主が現れた。九〇年代に入ると、映画を配給する資金を調達するために、特別な目的をもった組織（特別目的事業体、ＳＰＥ）がいくつも考案された。これらのＳＰＥは――制作会社かあるいは映画館のどちらかに借金を負わせて映画の上映を展開するというやり方ではなく――映画を配給する資金を数か月間借金するためだけに、別個に設立された事業体だった。封切り当初の映画館入場料のほとんどは直接このＳＰＥに回され、借金の返済に充てられた。一つの映画が失敗作となった途端に払い戻し義務が発生するという事態を避けるため、いくつかの映画が一つにまとめられてＳＰＥに組み入れられ、さらに、借入金が完済されるように他の手段も講じられた。実際、この種のＳＰＥが発行した短期の債券は格付け会社が安全だと判断したため、多くのＭＭＦ（マネーマーケット・ファンド、短期金融商品投資信託）は損失の不安なく、それらを運用の対象として組み入れることができた。このような安全性は、映画のフィルム自体が借り入れの担保になっていることが大きかった。さらには、この種のＳＰＥは「バンクラプシー・リモート」（倒産隔離。オリジネーター〈＝原資産保有者〉が倒産した場合に、ＳＰＥなど資産の譲受人がその資産に関する権利の行使をオリジネーターの債権者や管財人から妨げられないようにしておくこと）の措置がしてあり、映画の制作会社や劇場が倒産しても、支払いは安全であるように仕組まれていた。

話をトレーディング・カードに戻すと、ここで重要なのはカードの交換が必ずしも公平に行われないということだ。特に親が見ていない取引では、近所の遊び仲間のうち、幼いほうの子供たちは容易に餌食となる。さらに、純真な遊びであるはずのカード・トレーディングが、カードをどのように弾《はじ》くか、あるいは上に飛ばすかによって勝者が決まるギャンブルに簡単に堕してしまうのである。さらには、賭けが大きくなると、ごまかしをしてでもカードを手に入れたいという誘惑も大きくなる。ほとんどの子供たちは生来正直なのだが、すぐに、しかも簡単にカードを入手できるという魅力は、一部の子供たちを不正へと誘導してしまうのだ。

エンロンの物語はいわば、子供の頃にスターウォーズ・カードあるいは他のカードを交換して遊んだことがありそうな幾人かが不正を働き、大企業の、その従業員の、そしてその投資家の財産を詐取した、という事件である。エンロン自体は一九八五年に、ヒューストンで眠気を催すような退屈な公益事業会社として誕生した。当時はほとんどガスの取引専業といえる会社だった。しかし、創業後すぐに会社は、トレードができるものなら何にでも手を出すようになった。また、会社はスターウォーズのなかのミレニアム・ファルコン（宇宙輸送船）のデッキにも負けずおとらず、けばけばしいトレーディング・ルームを設置した。会社の規模が大きくなるにつれ、エンロンのトレーダーたちは潤い、子供の頃のとてつもない夢をも超えるオモチャを手にすることができた。

これから見ていくとおり、エンロンを破綻の淵に追い込んだ原因は、たった一つというわけではなかった。いくつかの（偶然、必然の両方の）失策が重なり、また、単に全くの運の悪さも加わり、極悪のディーリングが白日のもとにさらされることとなったのである。当然の結果、エンロンは崩壊に至ったのだ。エンロンの取引の中でも一番の暗部は、スターウォーズに因《ちな》みチューコ（チューバッカ・ザ・ウーキー）といった名前をつけては自慢していたSPEだった。エンロンのトレーダーたちは、なお子供の頃の空想の世界に生きていたのかもしれないが、自分たちが実際に携わったトレードは厳しい現実社会であり、アメリカ人の生活の核心に影響するものだったのである。カリフォルニアのエネルギー危機のときに誰が電力を握っていたのか、どの農場が作物に水をやることができるか、世界最大の経済をスムーズに稼働させるために不可欠なさまざまな事柄――これらはエンロンのトレーディング・ルームの中で取引されていたのだ。アーサー・アンダーセン監査法人の会計士たち――彼らの多くは後にエンロンに移り、社内で快適な仕事に就くことになるが――に助けられて運営されていた「スターウォーズ」のSPEは、ハリウッドやそのほかの企業が資金調達のために作った純粋なSPEとは異なり、エンロンの会計帳簿を操作し、大金をエンロンの主要な財務担当役員へ流し込む機能を果たしていた。これではダース・ベーダー（スターウォーズの悪役）もエンロンのことを誇りに思ったに違いない。

また、エンロンの倒産は、そこで働いていた者に壊滅的な打撃を与えてしまった。破綻に追い込んだ張本人である経営者たちは早々に大量の持ち株を処分し、銀行口座に数千万ドル、場合によっては数億ドルの預金として確保していた。一方、彼らの下で働いていた善良なる従業員は、職を失ったばかりではなく、多くの場合、401(k)プラン（確定拠出型年金）に基づきエンロン株に投資してきた資金を含め、それまで一生をかけて貯めたお金をも失ってしまった。自社株を売り逃げしたその経営者は、売り逃げをしていたまさにそのとき、従業員には一生懸命〝買い〟を推奨していた。

エンロンの悲惨さは社外にも及んだ。エンロンの従業員の給料はヒューストン市に繁栄と活気をもたらしていた。地元のレストラン、小売店などは仕事がなくなり苦しむことになった。多くの公的および私的年金の資金はエンロン株にたっぷりと投資されていた。この銘柄を調査対象としていたほとんどすべての証券会社からは、最後の最後まで、推奨銘柄のトップ・リストに選ばれ、〝バイ（買い）〟あるいは〝ストロング・バイ（強い買い）〟の評価を与えられていた。

革新性で賞賛されていたエンロンという名門企業の評価が、こんなにも激しく、また、こんなにも急速に崩壊したことは、アメリカの証券市場の他の株式に対する信頼をも失墜《しっつい》させてしまった。投資家は、エンロンが信用できないというならどの株が信用できるというのか、と反問した。また、そんな株価下落よりも、さらにいくらかの人たちを困惑させることがあった。エンロンが莫大な選挙資金を広範囲にばら撒いて、政治家を取り込もうとしていたことだ。エンロンの会長、ケネス（ケン）・レイはジョージ・W・ブッシュ大統領と仲が良かった。しかし同時に、アル・ゴア前副大統領の環境政策の強力な支持者でもあった。エンロンは自社に有利な影響力を展開してくれる政治家なら、だれでもよかったのだ。

エンロンは史上最大の壮観さとスキャンダル性を備えた企業破綻を自ら演じてしまったものの、エンロンの企業としての中核には素晴らしい、アイデアに溢《あふ》れたビジネス・モデルなどがあり、エンロン事件の記憶が風化していっても、それらは語り継がれていくだろう。ますますネットワーク化が進む社会において、取引の利便性を人々や企業にもたらす会社は――取引の公正さを期するルールを設定し、自らそれを順守する場合において――今後も繁栄を続けることができるだろう。その一つ、インターネット・ブームのなかから生まれた、数少ない注目すべき成功例として、オークション・サイトのイーベイ（eBay）が挙げられる。この会社は、モノが電子的に取引される業態としては取引が透明であることを含め、さまざまな意味でエンロンとは正反対の会社である。スターウォーズ・カードが初めて発行されてから早くも二五年が経過したが、今なお交換したいとウズウズしている人たちにとっては、このイーベイで交換用のマーケット・サイトを見つけることができる。エンロンやその他ほとんどのインターネット関連のベンチャー企業に降りかかった災難を鑑《かんが》みると、どうやらスターウォーズ・カードはうまい投資だったようだ。どのカードも今なおエンロン株よりは高く取引されている。

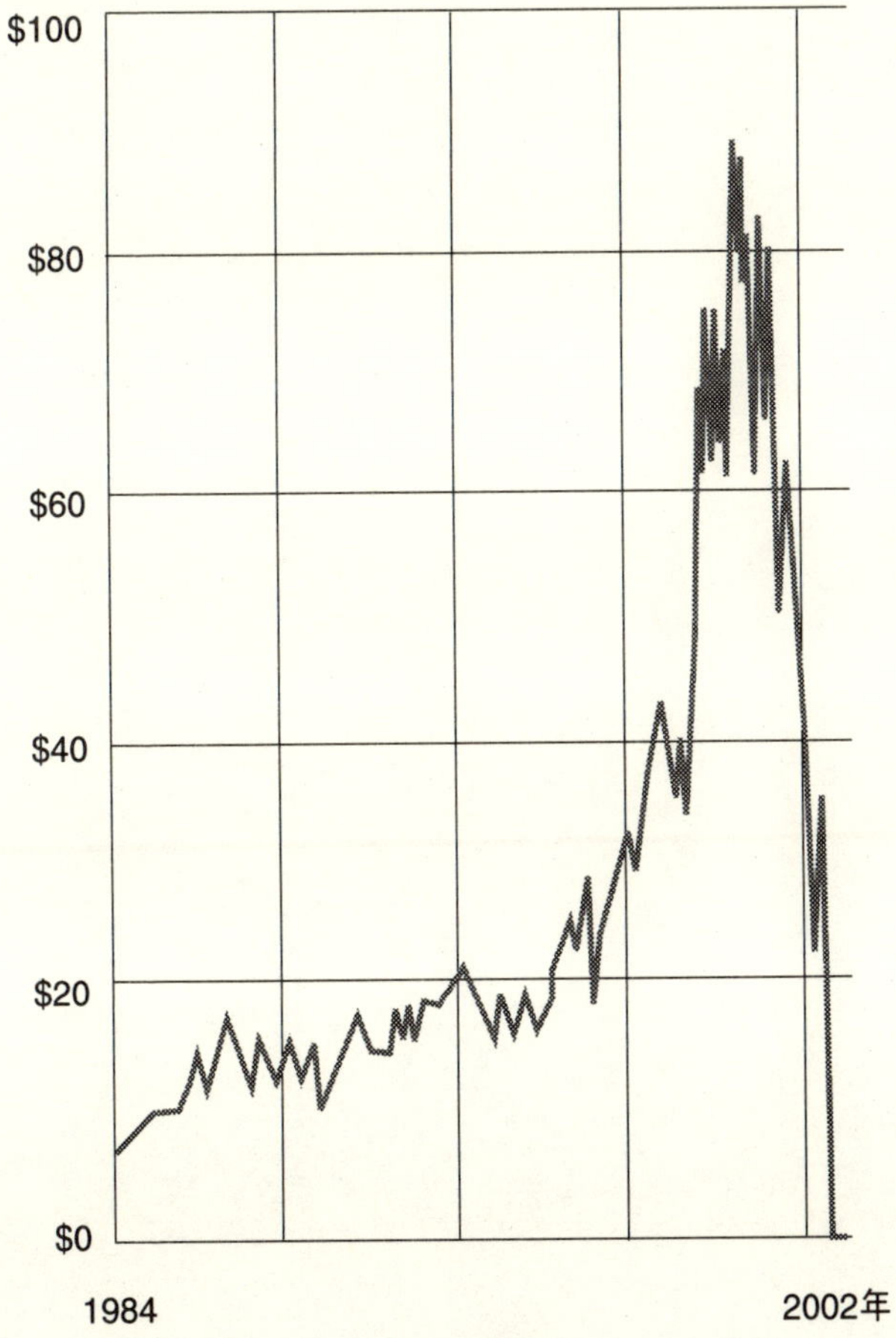

エンロン株価

出典：ニューヨーク証券取引所，ナスダックＯＴＣ

目次

第11章 エンロンの物語の終焉 187

第1章

ケネス・レイ会長がジャンク・ボンドで資金調達

エンロン破綻の原因は、経営者が〝本業に専念しなかったため〟というのが通説だ。一九八四年にケネス（ケン）・レイがヒューストン天然ガス会社（後に大きくなってエンロンとなる前身の会社）に最高経営責任者（CEO）として加わった当時、この会社は何も目立つもののない地味な公益事業会社だった。その事業は、全米を総延長数千マイルにもわたって張り巡らせた、会社の主要資産であるパイプラインを使った天然ガスの輸送だった。やがて、エンロンはあらゆる新規商品マーケットへも参入して頭角を現し、トレーディングの王者となっていくが、その過程ではウォールストリートからトップトレーダー数人を引き抜いていた。さらに八〇年代後半から九〇年代にかけて天然ガスと電力のマーケットの規制が撤廃されると、その両分野でのビジネスがエネルギー会社として、あるいはウォールストリートの地場のトレーディング会社のように、エンロンにとっての主要な収益源となっていった。エンロンはその傲慢《ごうまん》さゆえに拡大路線を突っ走り、未体験のマーケットでも物おじせずに参入してしまったという点には疑問を差し挟む余地はない。しかし、初めの頃の拡大志向は極めて健全な経営判断だったと言えよう。

当初からエンロンは他の会社とは違っていた。成功した企業のほとんどはその成功のルーツを力強いリーダーやその人が生み出した革新的な商品に求める。トーマス・エジソンの電球は最後には、ゼネラル・エレクトリック・カンパニーとなった。ビル・ゲイツがパソコンのOSをマーケティングした聡明な手法は、マイクロソフトの礎《いしずえ》を築いた。これとは対照的に、エンロンは一つのアイデアをそのベースとしていた。エンロンの創業者であるケネス・レイは、自分ではエンロンの発展を推し進めたアイデアを思いつかなかったが、彼はこのアイデアを熱心に採り入れては擁護し、事業化したのだった。ケネス・レイを駆り立て、エンロンの成長に勢いをつけたそのアイデアとは、〝自由な取引のできるマーケット〟であった。

ほとんどのトップ経営者は技術系か経営学、あるいはこれらの両方を専攻しているが、ケネス・レイの経歴はこれら典型的な企業経営者のものとはかなり違っていた。ケネス・レイの学位はヒューストン大学大学院のPh・D（博士号）を含め、すべてが経済学であった。彼はエンロンに来る前にいくつかの仕事に就いていたが、そのなかには教職も含まれていた。ジョージ・ワシントン大学では助教授として経済学を教えていたのだ。ケネス・レイはひょっとすると、保守党系のシンクタンクで政策用の論文を書いて一生を送っていたかもしれないし、あるいはケーブルニュース・ネットワークで、経済の専門家としてコメントをしていたかもしれなかった。しかし、その代わりに彼はアメリカ最大の会社の一つ（そして、束の間ではあったが、最も尊敬されていた会社）のトップとなった。

一九八〇年代には、テキサスのビジネスマンのイメージは「ダラス」というテレビドラマによって世界中に植えつけられることとなった。このドラマはテキサスの石油王ジョン・ロス・ユーイング（J.R.Ewing）の策略を軸に展開する。ラリー・ハグマンの完璧な好演による劇中人物J・R（ジョン・ロス）は、マーケット・システムの弊害を体現していた。彼は汚い商品、つまり原油を販売するのだが、もっと汚い手段を講じて成り上がっていく。J・Rの行状は、典型的な資本家の枠を超え、バリバリのアナキストのものに近づいてしまう。彼にとってマーケットのルールは、破ったほうが都合がよければ、いつでも破るべきものだった。このフィクションとは対照的に、ケネス・レイは比較的クリーンな商品、つまり天然ガスを扱っていた。エネルギーの需要は一九六〇年代になると供給を上回るようになるが、それまでは、石油屋は天然ガスを邪魔者扱いにしていた。原油と天然ガスはしばしば一緒に発見され、石油屋は原油を汲み上げるためには、あらかじめガスを大きな炎にして燃焼させてしまわなければならなかった。幸い天然ガスはテキサスの紺碧《こんぺき》の空を背景に、石油や他の化石燃料とは異なり、非常にクリーンに燃焼した。さらに、テキサス州やカリフォルニア州の大都市の膨張は、移動手段を自動車に依存していた他の大都市圏と同様、大気汚染の公害問題を引き起こし、六〇年代には無視することができないまでになっていた。当時、代替のエネルギー源の活用はまだ検討段階で、環境保護主義者は天然ガスを石油製品に代わる唯一のクリーンな化石燃料として受け入れていた。

天然ガス版〝ヒューストンのJ・R（ジョン・ロス）〟

ケネス・レイが進めた天然ガス事業の事業展開の顛末《てんまつ》を見極める前に、ケネス・レイとJ・Rの共通点に着目しておきたい。レイは、たとえ長年一緒に仕事をしてきた親しい仲間であっても、ライバルとなると容赦しないことで知られていた。エンロンの重役たちには馴染みのところだが、たとえばエンロンの副会長のポストは、〝イジェクター・シート〟（パイロット用の緊急飛び出しシート、射出座席）と呼ばれていた。このナンバー2のポストから飛ばされてしまった人、あるいは自分から飛び出した人のなかには、リチャード・キンダー、レベッカ・マーク、クリフォード・バクスター、ジョゼフ・サットンらがいた。すべて、副会長あるいは実質的に同等の役職の人たちだった。エンロンはその成長が速くなればなるほど、新しい副会長を必要としたようだった。さらには、J・Rと同じように、ケネス・レイも政治家の影響力を行使し、取引の手腕を発揮して、マーケットのルールを自分とエンロンに都合の良いように変えていった。レイがヒューストン天然ガス会社をエンロンへと作り変えたことや、レイが常に運転席に座る能力を持ち合わせていたことを知ると、J・Rは、必ずやトレードマークになっている薄笑いを浮かべたに違いない。

レイは一九八四年にヒューストン天然ガス会社の実権を掌握したが、当時の同社には問題が山積していた。それに、ヒューストン天然ガス会社は比較的小規模な会社で、当時のウォールストリートはM&A大流行の真っただ中にあり、たくさんの大きな魚が小さい魚を飲み込もうと躍起になっていた。ヒューストン天然ガス会社のような小さな魚は身の危険にさらされていた。実際、ヒューストン天然ガス会社の役員会がケネス・レイの獲得を検討していたとき、同社はコースタル・コーポレーションにより敵対的T・O・B（テイク・オーバー・ビッド、乗っ取り）を仕掛けられ、防戦の最中だった。ケネス・レイは就任するや否や、フロリダ・ガスとトランスウェスタン・パイプラインの天然ガス会社二社を買収し、会社の業容を二倍に拡大した。レイの次の方策はネブラスカ州オマハにあった同業、インターノース社と手を組むことだった。同社のパイプラインはレイの会社のものとはごく自然に結びつくことがわかっていた。インターノース社では自社がヒューストン天然ガス会社を取得したと見ていたが、レイは自分の社員に対しては合併だと説明していた。案の定、わずか一年も経たないうちに、エンロンと名を変えた新会社の実権を、レイは当時のCEOサミュエル・セグナーからもぎ取ってしまった。新会社の名前はエネルギー企業の巨人、エクソンに似せていたが、その名称だけでエンロンの野望を表示しているようだった。エクソンはレイが一九六五年に社会人として働き始めた会社であり、その当時のヒューストン事業部門は〝ハンブル・オイル〟という名称だった。

エンロンを作り上げる過程で、ケネス・レイは有名なコーポレート・レイダー（乗っ取り屋）だったアーウィン・ジェイコブズからのT・O・Bを振り払わなければならなかった。ジェイコブズは、合併する前のインターノース社のかなりの数量の株式を集めており、エンロンは彼からその株式をプレミアム付きで買い戻すことによって、ようやくその手《て》枷《かせ》足《あし》枷《かせ》から逃れたのだった。会社を乗っ取るという脅しを仕掛け、株式を買い取らせては大金を手にするというジェイコブズが用いたやり方は、〝グリーンメール〟と呼ばれ、よく知られていた。これはまさに、一九八七年に公開された映画「ウォール街」で、ゴードン・ゲッコーが用いた手法だった。

ケネス・レイがアーウィン・ジェイコブズの魔の手からエンロンを救う方法は一つしかなかった。それは従業員年金基金の余剰資金二億三、〇〇〇万ドルを使って株式を買い進め、さらに借金をして彼にお金を渡すという方法だった。この金の手当てのために、ケネス・レイはマイケル・ミルケンの助けをあてにした。ミルケンはウォールストリートのジャンク・ボンドの帝王として名を馳《は》せており、当時はドレクセル・バーナムのビバリーヒルズ支店を機関店として活動していた。ミルケンがやって来るまではドレクセルはニューヨークに本拠のある二流の投資銀行に過ぎなかった。しかし、ジャンク・ボンドのナンバーワンの銀行として突然その名が知れわたるようになった。だが、同社も一九九〇年に発覚したスキャンダルによってマイケル・ミルケンが刑務所に収監されると、その栄光も崩壊することとなった。

ケネス・レイと同様、マイケル・ミルケンもアイデアがすべてであった。彼の偉大なアイデアは、ウォートン・スクール・オブ・ファイナンス（ペンシルベニア大学大学院ウォートン校）に在籍していた当時に実施した調査から生まれた。彼は、こう考えた。格付け会社が〝投資適格〟に格付けしない社債、すなわち、後にジャンク・ボンドとして知られるような社債こそが素晴らしい投資対象であると。金融市場ではその種の債券を遠ざける傾向にあった。したがって、その価格は通常、本来の価値をかなり下回っていた。ミルケンの思考がそこで止まっていたら、彼は単なるお金持ちとなっただけだったが、彼の凄《すご》さはもっと先を読んでいたことだった。そして結果として、巨万の富を手にしたのだ。

ミルケンが物色した債券のほとんどが〝フォールン・エンジェルズ（堕落した天使）〟と呼ばれるものだった。それらの債券は、発行された当初は投資対象として認められていたものだったが、月日の経過に伴い、格付け会社（スタンダード&プアーズ、ムーディーズ・インベスターズ・サービスなど）から嫌われるようになったものだった。それらのダウングレード（格下げ）は、多くの場合、業績不振の結果であった。つまり、業績の後退は会社の利益を食い潰《つぶ》し、さらには債券の償還も危《あや》うくするのではないかという不安をも生じさせるのだ。格付けを下げられた債券の価格がバーゲン価格にまで暴落する主な理由は、大きな投資会社の運用担当者が――特に公的な年金資金の運用の場合は――投資適格にある債券しか投資対象として組み入れられない規定があるからだ。一般的に言って、債券の発行が可能な財務内容の会社は大企業であり、小規模会社は資本市場には迎えられず、銀行の言いなりにされてしまうこととなる。

マイケル・ミルケンは、小さい企業でもジャンク・ボンドの発行が可能で、投資家もそれらの債券を買うことのできる、新しい金融市場を作り始めた。これは、彼の意志の力と努力の賜《たまもの》だった。売り手も買い手も得をし、ミルケン自身とドレクセル・バーナムの仲間にも手数料がたんまりと入ってくる仕組みで、ウォールストリートでは、前例がなかった。ミルケンは小さい会社がジャンク・ボンドを発行することを手伝ったが、さらに、発行後の流通市場でも活発な取引を維持し、推し進めることによって債券の価値を高めていった（株式とは異なり、債券は発行されているうちのほんの僅《わず》かが市場で取引されているだけである）。ジャンク・ボンドを発行して資金を調達する手法には大きな問題もあった。商業銀行では監督官庁の監視を受けているが、そのような監視が投資銀行にはなかったため、熾烈《しれつ》な競争のなかで条件の良くない債券発行の引き受け業務を次から次へと請けてしまうことだ。そのような取引は、発行会社にとって利払いや償還が重荷になり、一歩間違えばその重荷によって倒産に至る場合もあった。また、そんなジャンク・ボンドに投資した投資家も同じように被害を受けることとなる。つまり、投資した債券の価値が破産審査裁判所で回収できるだけの、ほんの僅かなものになってしまうからだ。通常、紙くず同然となる。短期的に見ればディール・メーカー（取引の仲介者）は莫大な手数料によって儲かるが、一九九〇年代初めに見られたように倒産が増加すると、彼らはウォールストリートからその後数年間、追い払われてしまうのだ。

ジャンク・ボンドによる資金調達が増加するにつれ、証券関連法令に抵触する事例も増加していった。その最大の犯罪者がイワン・ボウスキーだった。彼の「強欲は善なり」式の処世術とインサイダー取引での暗躍ぶりが、映画「ウォール街」のなかのゴードン・ゲッコーのようなキャラクターを生み出したのだった。ミルケンはそのボウスキーとは緊密な繋《つな》がりがあった。そしてその繋がりゆえに、ミルケンはアメリカでよくみられる司法取引の一部として受刑する羽目となったのだ。ミルケンは無実を主張したが、自分の帝国を作る過程でまずいパートナーを選んでしまったために、本当に罪を犯したかどうかということとは関係なく、帝国の崩壊を自ら導いてしまったのだ。

負債の山

マイケル・ミルケンが刑務所から出所して数年後、ケネス・レイはミルケンと連絡を取り合うようになるのだが、ケネス・レイは明らかにミルケンをお手本と考えていたようだった。ミルケンがジャンク・ボンドで新しいマーケットを創造したように、ケネス・レイも新マーケットを作ることは巨万の富への道だと考えた。そして、これが不運の種だったのであろうが、ケネス・レイはミルケンの失敗をあまり気に留めなかった。それればかりか、ケネス・レイはしばしばこの金融界の問題人物と同じ場所に居合わせて親しく交歓することが多くなっていった。そんなシーンが二〇〇一年五月にもあった。噂では、レイが提示したカリフォルニア州電力危機の解決方法を支持するためのプライベートな集まりだった。どう見てもミルケンは俳優のアーノルド・シュワルツネッガーやロサンゼルス市長のリチャード・リオーダンが同席していた秘密の会合には不似合いではあったがあまりにも存在感があった。ケネス・レイは自分なりの方法でこのような会合を開催していたのだった。

ケネス・レイはミルケンの助けを得て手にした巨額の負債を利用してエンロンの実権を確保したものの、エンロンの行く手には膨大な仕事の山が待ち受けていた。レイは自由取引のできるマーケットの有効性を信じてはいたが、天然ガスの自由な取引市場の類は全米のどこをみても見当たらない時代だった。

問題は一九七三年のアラブの原油禁輸措置のときに発生した。インフレの進行を抑制するために、ニクソン政権は賃金と物価の統制を実施したが、実効性はなかった。そこでこれらの政策が無効だとわかると、賃金と価格の統制をほとんど撤回し、代わりにさまざまな対策が打ち出された。なかには、失笑を買った〝ＷＩＮ（Whip Inflation Now「今こそ、インフレを叩きのめせ」）ボタン・キャンペーン〟といったプログラムもフォード政権になって実施された。しかし、エネルギー価格の管理は、連邦政府の課題として残ったままであった。

歴史の節目節目に、魔術師のごとく折よく登場するフォレスト・ガンプのように、ケネス・レイも一九七〇年代の初め、しばらくヒューストンを離れて連邦政府のエネルギー政策を担当する官僚機構のなかで働いていた。レイは内務省でエネルギー担当の次官代理にまで昇進した。当時、自由な取引の市場を唱道する人がほとんどいないなかで、熱心な提案者の一人であったレイが主張した天然ガスの取引規制撤廃の議論は、かなりの注目を浴びていた。規制撤廃のためにあちこちで熱心に努力が傾けられていたのは、法令が整備される一〇年も前のことだった。

エンロン、規制緩和の波に乗る

一九八五年にエンロンが新会社としてスタートしようとしていたとき、当時のレーガン政権は天然ガス産業の発展を阻《はば》んでいた価格規制を撤廃する動きを見せていた。共和党のレーガン政権も、そしてその後のブッシュ政権も、規制の撤廃については強力に支持したものの、法律とするには民主党支配の議会承認を得なければならなかった。議会通過には付帯の法案やかなりのロビー活動が必要だったが、一九九三年に民主党のクリントン政権が発足するころには連邦政府レベルの政策転換は動き出していた。残るは主に、州政府段階での規制撤廃だった。

連邦政府の手枷《てかせ》足枷《あしかせ》からエンロンを解放する過程において、ケネス・レイはJ・R・ユーイングの特技の一つをマスターしていった。政治家との親交の術である。実際、エンロンが大きくなると、愛すべきケネス・レイ会長は〝外交員〟よろしく外回りに励み、日々の業務は部下に任せることが多くなった。レイは人としての少なからぬ魅力、素朴な出自《ルーツ》、得意分野の経済学のエクスパティーズ（専門的知識・技量）を巧みに自分のなかに統合していたので、彼がエンロンを利する政策を主張してもそれはごく自然に映っていた。レイおよびエンロンの社員は、政治家へ直接、あるいは〝ソフト・マネー（間接献金）〟として彼らの政治資金の受け皿団体にたっぷりと献金していた。ブッシュ父子の両政権で、レイは献金の常連だったが、二つの政権の間の民主党クリントン政権へも献金を続けた。天然ガスは環境にやさしいと考えられたため、レイは大統領選で破れたアル・ゴア陣営にも取り込まれていた。ゴア候補は対立候補のジョージ・ブッシュやそのほかの共和党員が受け入れがたいとした京都議定書を支持していた。レイは完璧な二股をかけていたため、エンロンの疑惑が発覚して二〇〇二年に議会が聴聞会を開催したとき、エンロンから選挙資金を受け取っていない委員会の主要メンバーはほとんどいなかったほどだった。

ケネス・レイの政治的手腕は、ヒューストンの自社内だけではなくワシントンの連邦政府にまで及んだが、事業の成功のためにはそれだけでは不十分だった。ジャンク・ボンドの利払いという重荷を課せられた他の企業と同様、エンロンは急成長するか、さもなければ破産するかのどちらかだった。エンロンは全米をすでにくまなくネットワーク化していた天然ガスのパイプライン網を受け継いで誕生したため、パイプライン事業の更なる飛躍的な成長には限度があった。とはいうものの、エネルギー市場における規制撤廃によって、新しいマーケット、新しい事業の好機、そして新しい誘惑が生まれていた。

第2章 部分的な開示

一九八〇年代の半ばにエンロンが誕生すると、やがてケネス・レイは自分のことをトレーディング・カードの箱をいくつも抱えた少年のように感じていた。それらの箱は彼がそのときまでに合併と買収によって集めたものだった。なかでも、彼が手にした箱の中の一番重要なカードは、全米を縦横に交差して敷設された天然ガスのパイプラインだった。しかし、それがすべてではなかった。彼にはそのほか、天然ガスを生産するためのたくさんの資産もあった。それらはほとんどが油井《ゆせい》で、天然ガスのほか、原油も湧《わ》き出ていた。さらには、エンロンの資産一覧にはそれらの資産の代償も記載されていった——資金的にエンロンを支えるために発行されたジャンク・ボンドという負債だった。それらの債券は定期的に巨額の利払いをしなければならなかった（一般的な債券は、通常年二回の利払いが義務付けられている）。そのうえ、元本は一〇年以内に償還しなければならなかったのだ。ケネス・レイは、不必要な資産は処分し、残した資産からは最大の価値を引き出せるように資産を整理していった。

エンロンの基本戦略は、パイプラインはそのまま保有し資金を確保するために油田を売却する、というものだった。ケネス・レイは、テキサスでエンロン・オイル・アンド・ガス（テキサスでは、何につけてもオイルが一番）という子会社を設立し、その子会社でエンロンから買い取った油井を管理し、すでに着手していた石油と天然ガスの探査プロジェクトを進めた。エンロンはエンロン・オイル・アンド・ガスの株式を一九八九年から一般を対象に売り始め、一〇年以内にはすべてを売却した。エンロン・オイル・アンド・ガスは現在ＥＯＧリソーセズ（ニューヨーク証券取引所のティッカー・シンボルは、ＥＯＧ）と社名を変え、親会社とは異なり、これまでのところ業績の悪化も見られず、スキャンダルにも見舞われていない。

大型資産の処分によって得た資金は、期日の到来したジャンク・ボンドの償還に充てられたが、同時にエンロンの利益成長を外見上、良く見せた。油井のようなハードアセット（会計上の資産。在庫品などの流動資産および工場や家屋、ビルなどの固定資産）は、会計処理上、帳簿には取得したときの原価で記帳される。たとえその資産価値が一定期間に増大していたとしても、所有権者が同じである場合は、その会社の貸借対照表も損益計算書もその資産価値の増大を表面化させない。会計士の言葉で言うと、「簿価」は会社の所有する油井や不動産のようなハードアセットの価値の変動には影響されないのだ。この理論の根拠は、これらの資産の価額は巨額であり、また決算ごとに資産評価を見直すことは極めて難しいためだ。したがって、これらの資産は取得価額で記帳しておくことが合理的だと考えられているのである。そのため、このような資産の増加（あるいは減少）は、その資産が売却される段階になって初めて会社の損益計算書に顕《あらわ》れるのだ。

会計士は、ある利益が通常の営業活動の利益として分類されるのか、それとも非経常的な営業外の利益とみなすべきかについては、相当程度の自由裁量をもって処理をしている。簿価を上回る価値のある資産をたくさん所有している会社は、その資産をタイミングよく切り売りしていくことによって、利益を順調に伸ばしているという印象を容易に与えることができる。ただ、その手も永遠には続かない。資産はいずれ枯渇《こかつ》してしまうからだ。

マーク・トゥ・マーケット（値洗い方式）の全容

資産をどう評価し、利益や損失をいつ認識するか、という問題は、一九七〇年代のインフレが亢進《こうしん》していた時代から、会計の専門家たちを少なからず悩ませてきた問題だ。会計士の意見はしばしば両論に分かれた。保守的に記録するか、それとももっと正確な数字を使うか、である。伝統的な――つまり、保守的な――方法によると、資産価値の減少はそれが発生した時点で認識するというもので、また逆に増加を認めるのはそれが実現する売却時点、とする方法である。この方法は会社資産の過大評価を防ぐ、というメリットはあるものの、企業間で差が生じ統一性を欠いてしまうという、極めて大きな問題を残すことになる。最近の傾向では、この保守主義は採らず、会計の数字にはできるだけ詳細に経済的実勢を反映させる処理をしている。評価が容易な資産を持つ会社は、それらの評価額の算出にはこの〝マーク・トゥ・マーケット〟(時価により値洗いを実施する会計)を適用することが推奨されており、また一部では、義務付けられている。このマーク・トゥ・マーケット方式の会計では、各資産の価値は定期的に再評価され、会社の貸借対照表と損益計算書にその都度その評価が反映される。

離婚の調停を進める裁判官も、共有財産の分与に際してはこのマーク・トゥ・マーケット会計を使う。たとえば、夫婦で共有していた車を配偶者の一方が引き取る場合、裁判官は中古車市場で相場を調べ、仮に一万ドルという値段で流通していた場合、その額をその配偶者へ分与したと計算する。この方法によって裁判官は実際に車を売らずとも、公平な分割を実施することができる。

これから明らかにしていくが、マーク・トゥ・マーケット方式は理論的には素晴らしいものだが、実際上は濫用されやすいという難点がある。マーク・トゥ・マーケット会計の適用が義務付けられている資産のうち、いくつかは市場価格が曖昧《あいまい》で、それらを適切な価額として評価するには相当の思い切りが求められる場合もある（ニューヨーク証券取引所においてさえ、株式の「引け値」とは――その日の最終の取引の価格だと一般には信じられているが――実は、取引所内部の専門家によって設定された清算価格をベースにして決められている）。決算書類を監査する会計士はマーク・トゥ・マーケット方式による評価の適法性をきちんと確保するように要請されている。ところが、エンロン事件では、この点の管理が明らかに不十分で、結果としてエンロンの破綻を助長してしまったのだ。

油田を会計上の数値として把握するための評価は、その油田を売却するまでは非常に難しい場合がある。だが、それら油田のビジネス・モデルなど経済的な意味合いの面は比較的単純だ。たとえば、それぞれの油井は天然ガスや原油が取り出される特定の場所に固定されている。また、それぞれの油井の将来の価値は不確定ではあるものの――それが評価を難しくしている要因だが――その油井を操業すること自体は不確定ではない、といった点だ。

エネルギー・ビジネスにおいて難しい部分は、取り出したエネルギーを消費される工場や家庭に運ぶ仕事である。天然ガスの場合、ＣＩＡ（アメリカ中央情報局）のワールド・ファクトブックによると、アメリカにはガス用パイプラインの総延長が二〇万マイルもあるという（一万マイル＝一六、〇九〇㎞）。これは、四万二千マイルといわれる全米の州をまたぐ高速道路の総延長の五倍近い。そのような複雑でとてつもなく長いネットワークを使うと、どの経路を選択するかによって文字どおり数千ものルートが可能となる。このネットワークの複雑さを理解し、その理解した知識を規制の撤廃されたマーケットで駆使し、天然ガス輸送のビジネスを展開する――この壮大な事業は、マイケル・ミルケンがジャンク・ボンド市場で成就した富の蓄積をも小さく見せてしまうほどだった。

商品を最低コストで輸送するルートをネットワーク上で見つけることは、一九四〇年代以降、経済的に最も重要な課題の一つとされてきた。また、冷戦時代には国防上の最重要課題でもあった。第二次世界大戦の後、アメリカのトップ・エコノミストたちはサンタモニカの太平洋を見下ろす丘にあったランド・コーポレーションの研究所に招聘《しょうへい》されて、この問題に関連するテーマに取り組んでいた。どうすれば輸送ネットワークが効率よく機能するかを知ることは、どうすれば最も少ない爆弾でそのネットワークを破壊できるか、という命題と同じであった。アメリカ人（T・C・クープマンズ）がロシア人（レオニード・カントロビッチ）と一緒にノーベル経済学賞を受賞した唯一のケースでは、そのような問題を解決するための数学問題に対する貢献が授賞の理由だった。一時期は数学者のジョン・ナッシュも、クープマンズやそのほかのノーベル賞受賞者と同じく、ランドで研究に従事していた。ナッシュは、シルビア・ナサーが著し、オスカーを受賞した映画の原作となったナッシュ自身の伝記『ビューティフル・マインド』でも取り上げられている、ゲームの理論と同じような理論を使っていた。

エンロンが誕生した当時、テキサスの石油、ガスの産業におけるコンピュータ技術の利用状況は、ウォールストリートの遥《はる》か先を行っていた。一九八〇年代の後半にトレーディング・ルームに蔓延することとなる科学計算用のワークステーションの初期機種が、すでに八〇年代の前半に、石油・ガスの埋蔵地域を地図に表示するために使用されていた。当時全米で一番大きい産業見本市であった「オフショア・テクノロジー・カンファレンス」の年次発表会もヒューストンで開催され、そこではいろいろな値段がつけられた諸種の小型機械装置が展示されていた。その見本市はあまりにも規模が大きく、ヒューストンのアストロドーム（一九六五年に作られた世界初のドーム型競技場。野球、フットボール、イベントなどが開催される）の全区画に収まりきれず、隣接するアストロドメインのほとんどを使って展示された。フィクションの世界でもテキサスは技術的に先行していた――J・R・ユーイングの机の上には、パーソナル・コンピュータが置かれていた。パソコンがGEのジャック・ウェルチに触ってもらえるようになる一〇年も前の話だった。

ハイテクではテキサスは確かにビッグ・プレーヤーであったかもしれない。だが、高度なファイナンスのゲームの世界ではそうではなかった。世界のトップクラスの金融業者は、ニューヨーク、ロンドン、東京、チューリヒ、香港、シンガポール、シカゴ、サンフランシスコといった国際金融センターに集中していた。ヒューストンには地場の国際的金融機関がなかった。それだけではなく、金融規制の緩和によって営業の垣根が撤廃されると、金融関係の仕事はテキサスに支店を出したカリフォルニア州のバンク・オブ・アメリカやウェルズ・ファーゴ・バンクなど、州外の銀行に取られることが多くなった。経済のプロであるケネス・レイの指揮の下、エンロンは大リーグ入りのできるテキサスの〝希望の星〟でもあった。

エンロンが誕生した頃、ウォールストリートにもついにワークステーションが導入されるようになり、投資銀行やトレーダーたちはそれを大いに活用するようになった。ウォールストリートにも、テキサス州と同様〝古き良き時代〟があったが、一九七五年頃の金融自由化の波とともにそれらは潰《つい》え去った。もはや連邦政府は手数料を上げることにも、また市中金利を下げることにも介入できなくなったため、その後にやってきた自由化時代の荒波を乗り切ることができたのは、機敏に対応ができた金融機関だけとなった。

ウォールストリートやその他の金融機関のオフィスの机上で、コンピュータが活躍するようになると、高度なファイナンス（資金調達）手法も出現した。そのような手法の一つ、〝スライス・アンド・ダイス（小さく分割する）〟手法は、モーゲージ（住宅ローン、抵当権）マーケットで最初に大きな産声をあげた。

モーゲージはフランク・キャプラの古典的な映画、「It's a Wonderful Life」（「素晴らしき哉、人生！」）で描写されているように機能する。つまり、自分たちの夢であった我が家を買うために、モーゲージが必要な人は、自分たちの地元の銀行（または貯蓄貸付組合）に行く。銀行では地元の預金者から集めた資金が貸し付けられる。もし、特定の銀行に借り入れ希望者がたくさんいる場合、あるいはその銀行に預金が十分ではない場合、この仕組みは機能しない。そんな場合の解決方法は、モーゲージそのものを（債券のように）登録された証券に生まれ変わらせることだ。そうすれば世界中の投資家がその証券を買い、モーゲージで資金調達が可能となるのである。このとき、家のオーナーと投資家を一対一でマッチングさせることは極めて煩雑《はんざつ》となるので、モーゲージの案件を何十件も集め、よく知られているようにモーゲージ（不動産抵当）・パススルー証券として一つにまとめて、投資家に販売するのである。

このモーゲージをまとめて証券とする〝証券化〟は、そのこと自体画期的なことであったが、ウォールストリートはさらにもう一歩先へと進んでいった。つまり、その証券の発行者には早期に繰り上げて償還をする権利が留保されており、問題はモーゲージに投資した投資家はだれでもその途中償還に応じなければならない条項がついていることだった。一般的にこの任意償還を実施する理由は二つある。その一つは他の住宅に乗り換える場合、二つ目はもっと低い金利での発行が可能となる場合だ。年金ファンドやその他の大きな機関投資家にとって、これらの繰り上げ償還は資金の運用計画を台無しにする事態だった。そこでこれらのファンドについて自分たちの投資を期間的に配分し、キャッシュ・フローが将来の年金給付にきちんと対応できるように調整した。また、ウォールストリートの投資銀行はこれには分割発行をアレンジすることで対処したのだ。つまり、モーゲージの支払い義務を三つあるいはそれ以上に分割し、それぞれ新しい証券として発行して、もともとのモーゲージの繰り上げ償還の影響を実質的になくしてしまったのである。

コンピュータ技術がウォールストリートで広く使われるようになる過程では大失敗も見られた。だが、その利用によって証券化や金融の〝スライス・アンド・ダイス（小さく分割する）〟が可能となり、金融の世界はそれまでとはまるで異なるものとなった。マイケル・ミルケンや古い時代のディール・メーカーたちは自分たちの舞台を新世代のロケット科学の出身者たちに奪われてしまった。彼らはかつてのウォールストリートが生み出した金融パズルの一つひとつのピースを単に再構成することにより巨額のお金を作り出すことができたのである。つまり、ここにヘッジファンドの時代が到来したのだ。エンロンはヘッジファンドの時代が始まるや否やヘッジファンド・ビジネスを始めていた。

スライス・アンド・ダイス（分割手法）による投資

ヘッジファンドは証券、ファンドの組成からそれらへの投資手法に至るまで〝スライス・アンド・ダイス（小さく分割する）〟という考え方を用いていた。もともとヘッジファンドの考え方は、投資にはつきものの特有の問題を解決しようとしたところから生まれた。つまり、個別の株式あるいは商品先物の価値を正確に分析できたとしても、なお損をすることがあるが、これはどのようにすれば避けられるのか、というものだ。たとえば、良い銘柄に投資したとしても、全体が下げ相場であった場合などに、そのような不運なことが発生する。仮にあるバイオテクノロジー関連の株を一株三〇ドルで買ったとする。米食品医薬品局（ＦＤＡ）がその会社のある新薬を認可したというニュースが流れると株価が暴騰すると期待したのである。ところがそのニュースを待っているうちに、マーケット全体の相場が崩れ、そのバイオ関連株も二五％も下落した。そんな環境のなかでは、待っていたニュースが飛び込んできても、買った株は二八ドルまでしか戻らなかったとすると、大儲けどころか二ドルの損をしてしまうのである。

こんな状況のときの対策は、バイオ株の下落に対してヘッジ（保険がけ）をしておくことだ。そのヘッジとしては、完全に効果的とは言えないまでも、最も単純な方法として、〝ペアー・

トレーディング〟として知られている手法がある。あるバイオ銘柄を買うと同時に、その株を保有している期間には株価を動かす良いニュースが出そうにない他のバイオ関連銘柄を空売りしておくのだ（空売りとは、株券を借り、後ほど――願わくは株価が下がった段階で――買い戻す約束でそれを売り、差額を儲けるのである。株券の貸借はブローカーが世話をしてくれる）。このヘッジングにより、バイオ銘柄全般が下がったときの損失を空売りによって儲けたお金で埋め合わせるのだ。ヘッジファンドはコンピュータを使い、そして無限の人間の知恵を使って、高度に複雑なトレードの仕方を作り上げることができる。そのようなトレードからは、マーケットで予想される事態あるいは変則的な事態に焦点を当てて証券を組み合わせたヘッジファンドもできている。そんなヘッジファンドでは予想どおりにいくと、莫大な利益を手にすることができるのだ（ただし、予想が外れると、莫大な損失を被ることになる）。

その性質上、ヘッジファンドは非公開の秘密取引が必要だ。したがって、その組成自体もアメリカ合衆国証券関連法令の監視からも逃れられるようにすることが重要になる。そこでこの監視を逃れる方法として一般的な手法となっているのがオフショア（アメリカ合衆国の外の島嶼《とうしょ》地域、ケイマン島やバハマ諸島などが代表的）で会社を設立する方法だ。しかも、その会社への参加者をごく少数の機関投資家あるいは富豪に限定する。そんなヘッジファンドのファンドマネジャーは気前よく利益の分け前（一五～五〇％）に与《あずか》れる約束だ。また、資金を預ける投資家が資金を引き揚げることを制限している場合もある。高い報酬に加え、投資家には自分のお金がどう運用されているのかも見えない状況であるにもかかわらず、成績の良いヘッジファンドは誰のお金を運用するかについて、厳しく客を選り好みしているのが実情だ。

天然ガスをアメリカ大陸の端から端へ輸送するベスト経路を選ぶことと、巧妙で儲かるヘッジ方法を見つけることは、基本的なところでは、あまり違いはない。両方ともマーケットのなかの有効なピース（要素）を探り出し、偶発的なリスクを最小限に抑えて、それらを最も儲かる仕組みに仕立て上げるのだ。さらには、パイプラインも証券も、熟達したトレーダーが（コンピュータを駆使して）リスクを完璧に排除し、その日の利益を確保するのだった。このように規制の撤廃されたマーケットでエンロンがパイプラインを上手に運用・管理する専門的な技術は、そのままごく自然な延長線上でヘッジファンド・タイプの資金運用に応用できたのだった。

学習体験

ケネス・レイはトレーディングがエンロンの収益の大きな柱になると確信した。そこで一九八五年にはトレーディング事業をバルハラでスタートさせることとなった。バルハラは伝説的なノルウェーのパラダイスではなく、後になっていくつかの大きなヘッジファンドや悪名高いヘッジファンドが集まってくることとなる、緑の生い茂ったニューヨーク市郊外に点在する町の一つだった。一九八七年にエンロン・オイルという会社組織となるここでのトレーディング事業では、自社の取引にヘッジをかけることもせず、また、取扱高にも自制が見られないほど大規模だった。原油価格の先物相場では次から次へと巨額の資金を投入していったが、そのほとんどで損を出していった。しかし、その他のヘッジファンドと同じく、その取引の内容は闇に包まれていた。外部の人たちだけではなく、エンロン・オイルのオーナーであったヒューストンの親会社に対しても秘密にされたのだ。

ヒューストンのエンロン本部にしてみれば、エンロン・オイルは連結の利益を五、〇〇〇万ドルも押し上げてくれるドル箱だった。しかし、その利益はトレーディング事業の幹部たちがエンロン本社に読んでもらいたい帳簿上だけの話だった。二種類の財務諸表と支配下にあった銀行に開設した複数の口座を利用して、エンロン・オイルはヒューストンに対して膨れ上がった損失を隠し続けた。親会社エンロンはこの事業に関する監督責任のようなことは何一つ果たさず、不正行為が進行していることについて知ったのも、連邦地方検事で後にニューヨーク市長となるルドルフ・ジュリアーニが乗り出してきたり、連邦政府の調査が及んだりした段階だった。それらの捜査の結果、エンロン・オイルのトップは刑務所に入ることになる。

エンロン・オイルの損失の全容が明らかになることは今後もなさそうである。というのも、エンロン・オイルのこれまでの活動を再現するための資料の所在が何年間も行方不明となっているからだ。エンロンがＳＥＣ（米証券取引委員会）に提出した数字では、その損失額は八、五〇〇万ドルとされていたが、ある筋では損失額は一億四、二〇〇万ドル、すべてを含めると、一億九、〇〇〇万ドルに上ると見ている。

2002年２月12日，エンロンの前会長でＣＥＯのケネス（ケン）・レイは米議会での議員質問に対する証言を，自分が自ら罪に陥ることになるかもしれないために拒否をした。質問はエネルギー取引の巨大企業の破綻に際して，彼がどんな役割を果たしたか，というものだった。（Reuters／Win McNamee, ©Reuters New Media Inc.／CORBIS）

　ケネス・レイはエンロン・オイル事件が発覚するや、これは成功への単なる回り道に過ぎない、として早々にケリをつけようとした。今振り返ってみると、会社の内外には、この事件を将来エンロンが苦しめられることになる災厄の前ぶれだと見る人たちもいた。経営のまずさゆえに会社が躓《つまず》いた、ということがこのエンロン・オイル破綻の本質ではなかったのだ。起業家精神からスタートしたほとんどの企業は成功の方程式をみつける前に、いくつもの躓《つまず》きを経験するものだ。エンロン・オイル問題の本質とされるべきことは、エンロン本部の経営者が、急成長しているとされていた業績の虚構を見抜き、幻想を打ち砕くことに目を背けていたこと、さらには露見した損失の全容を隠蔽《いんぺい》するために会計士に協力を求めたことであろう。

とはいえ、エンロンはさすがにエンロン・オイルの崩壊を教訓として学んだようであった。トレーディング事業を継続するために、エンロンはその事業を本部に近いところで行うこととなり、ヒューストン本社には時間をかけて、最新鋭の設備を作り上げていくこととなった。また、問題点を覆い隠し、疑惑を生じさせないような輝かしい外見を作り上げる術も学んでいったのである。初めの頃の躓きを経て、ケネス・レイがエンロンに連れてきた新しいチームは、期待以上の働きぶりを示すこととなる。

第3章 スキリングの〝ケーススタディー〟

一九八五年には、エンロンはエネルギー・トレーディング事業の基盤を構築しようとしていた。だが、金融取引の知識がある人材が不足していたため、計画は当初からうまくは進められなかった。当時ウォールストリートはかつてない好景気に沸いており、そんな時代はその後一九九〇年代後半にＩＴが全盛となるまでは見られなかった。ウォールストリートでは専門的な経歴をもつ候補者リストも底を突き、相場の世界で売買をするために再訓練を喜んで受ける用意のある優秀な志願者を探すという状態だった。エリート校のロースクール（法科大学院）出身の学生が何十人とまとまってウォールストリートへと誘い込まれていった。彼らは法律に関係する仕事に就くわけではなく、トレーダーや投資銀行業務のプロとなるためだった。そんな時代では、発足後不運な運命を辿ることとなるエンロン・オイルの事業を始めるに際して、一、五〇〇マイルも離れたところにいたよそ者に事業を託さなければならなかったのも無理からぬことだった。

しかし、一九八七年一〇月のその日、株式市場ではダウ平均株価が史上最大の一日の下げ率を記録した。この暴落の後、すべてが変わってしまったのだ。株式市場はその後、暴落から二年後には回復して高値を更新したものの、ウォールストリートでの雇用は暴落のときに削減されたまま、その後も増加しなかった。多くの投資銀行では高給の従業員を大量に解雇し、リクルーティング計画も徐々に中止する方向に向かっていた。一九八九年から一九九一年の間に、過剰に発行されたジャンク・ボンドのつけが回ってきて、金融マーケットを苦しめるようになった。会社という会社は（貯蓄貸付組合を含め）、業績不振に見舞われ、新規の取引は皆無に等しかった。

ビジネス・スクールの卒業生たちも、前回の好景気のときならニューヨークかロンドンでの仕事を選んでいたのだろうが、このときばかりはヒューストンでもよかった。エンロンでの就職口は、トレーディング事業の立ち上げや、それを一流のものへと仕上げていく仕事が大きく扉を開けて待っていた。

当時ケネス・レイが採用した人材で最も注目すべきはビジネス・スクールから出たての新人

ではなく、一世代前の人材だった。ウォールストリートが史上最長のブームに沸き立つかなり前の一九七〇年代には、ビジネス・スクールの優秀な学生たちにとっては経営コンサルティングが一番稼げる仕事であった。経営コンサルティング会社は、自社のパートナー（共同出資者）や顧問となっている教授の力を借りてはそのような優秀なビジネス・スクールの卒業生を組織的に囲い込み、その人材を高額で企業に〝賃貸〟していたのである。そんな経営コンサルティング会社はいわば天然の磁石であり、優秀な学生を惹きつけていたばかりでなく、最も傲慢な組織だとも言われていた。

さらに、それらの経営コンサルティング会社はトップコンサルタ

2002年２月26日，米上院商業委員会のエンロン問題聴聞会で証言するエンロンの前ＣＥＯジェフリー・スキリング。スキリングは，自分は会社の危険な財務状況や負債を隠蔽《いんぺい》するための複雑なパートナーシップについては知らなかった，と否定し，「わたしは議会に対して，また，誰に対しても，嘘を言ってはいません」と上院議員に証言した。（AP Photo／Dennis Cook）

ントを抱えていることを、自社が優秀であることの証《あかし》として利用していたのだった。ケネス・レイが、当時のトップクラスの経営コンサルティング会社であったマッキンゼー・アンド・カンパニーからコンサルタントを招いたのはごく自然な成り行きだった。

マッキンゼーからエンロンにやってきたスターのなかで、ケネス・レイの目に最も輝いて見えたのはジェフリー・スキリングだった。レイはスキリングをマッキンゼーから引き抜き、エンロンで自分の後継者（コンサルタントとしては通常のコースだが）とした。スキリングは二〇〇二年早々に議会の委員会で証言席についたが、エンロンでは短期間のCEOであったため、何がエンロンで起こっていたのか、ほとんど何も知らない様子だった。しかし、スキリングは抜群の記憶力や細部まできちんと管理のできる、まれにみる素晴らしい才能があったに相違ない。そんな才能が備わっていたからこそ彼はハーバード・ビジネス・スクール（H・B・S）のベーカースクールをトップに近い成績で修了し、マッキンゼーのパートナーになることができたのである。

ハーバードでの日々

ジェフリー・スキリングが過ごしたハーバード・ビジネス・スクールでのある出来事から、

彼の性格を垣間見ることができる。HBSでは各教室でケーススタディー（事例研究）を通して勉強する。ほとんどのケースは現実に発生した生の出来事だ。学生は企業が実際に直面した問題を提起され、その解決策を自分で提示しなければならない。ケースについての討論は——学生はその発言内容によっても成績が評価される——その穴蔵のような教室に陣取る教授が指導する。事実関係の認識に自信のない、あるいは記憶の不確かな発言しかできない学生は、自分の成績を上げようとする他の学生によって徹底的に論駁《ろんばく》されてしまう。ジェフリー・スキリングは、そのような状況のとき、自分の会社が危害を及ぼすかもしれない——あるいは死者が出るかもしれない——製品を製造しているときはどう対処すべきか、と質問された。米議会議員を務めたこともある彼の指導教授ジョン・ラボティエによると、ジェフリー・スキリングはこう答えたという。「私ならその製品の製造、販売を継続します。私のビジネスマンとしての仕事は利益を生み出すことであり、株主への還元を最大化することです。商品が危険な場合、介入するのは政府の仕事です。」

「スターウォーズ」に取り憑かれたようなエンロンの企業体質のなかで、スキリングの冷血漢ぶりを、彼のいないところで同僚は〝ダース・ベーダー（悪役）〟と評していた。

エンロンに移ったスキリングのコンサルタントとしての仕事は、ハーバード・ビジネス・スクールのケース・ライターが想定した最悪の事態よりも、さらに酷《ひど》いものだった。彼は天然ガス産業が大混乱していたその最中にエンロンに飛び込んできたのだ。非効率であっても、また革新性がなくても、この産業の従事者にはあまねく利益をもたらそうとした、政府の原価をベースとした価格政策が何年も続いていた。だが今や、企業は競争を強いられるようになったばかりか、ほとんど固定化されていた価格も、荒々しく乱高下をし始めていた。問題はどのようにすれば、規制撤廃以前に享受していたような、かつての価格安定を人為的に取り戻すことができるか、ということだった。

ジェフリー・スキリングはこの問題について一番適切な解決策を示したばかりではなく、エンロンが過去と訣別《けつべつ》し、将来についてはマッキンゼー流の経営手法を受け入れることを社内に納得させた。確かに規制撤廃は競争を活発にしたのだが、競争の結果生まれるさまざまな恩恵を効果的に使うためのマーケットの創設については、まだ手つかずのままであった。価格が統制されていたときは、企業が天然ガスをその日その日で購入していく方法（「スポット買い」と呼ばれる）で何の問題も生じていなかった。しかし、価格が変動するようになると、前もって決めた価格で一定期間後に受け渡しをする〝フォワード（先渡し）〟のマーケットで天然ガスを購入することが望まれるようになったのである。

このような状況では、天然ガスの生産者も需要者も、長期の先渡し〝コントラクト（約定あるいは契約。商品先物等の特定商品を特定量売買する旨の合意）〟を望んで結ぶようになった。日々の価格変動に翻弄《ほんろう》されるよりは、価格が固定化されていたほうが良かったのである。ジェフリー・スキリングとエンロンはこのための新市場を創設するモデルとして、当時のウォールストリートとそこで新しく一九八〇年代に始まった金融の新市場に目を向けた。彼らはウォールストリートのスライス・アンド・ダイス（小さく分割する）金融テクノロジーをテキサスに持ってきて、エンロンがその〝料理長〟となることを決めたのだ。

エンロンが天然ガス市場に新機軸を導入するにあたっては、米国の住宅ローンの証券化市場がさまざまな便宜を提供してくれた。前述したとおり、年金資金やその他の機関投資家にとって、住宅ローンが適当な投資対象となるには、投資銀行がたくさんの住宅ローンをまとめて一つにし、それをさらに切り分けて（トランシェ）、主要な一かたまりのあたかも普通の債券のような金融商品に組成し直すことが重要だった。このようにすると、機関投資家が欲する商品——何年間にもわたって、確実に利払いを受け取ることができる商品——を提供することができた。しかも、個人の住宅所有者は希望したときはいつでも繰り上げ償還ができるのである。ただ一つの難点は、投資銀行が分割発行されたその他の債券に投資する投資家を見つけ出さなければならないという点だった。それらは発行者によって早期償還が実施された場合に割り当てられてしまう債券だったため、キャッシュ・フローの確実性に問題があった。そこで投資銀行はこれをさらに二つまたはそれ以上に細分化し、さらに分割された債券を生み出し、特別なニーズのある投資家にはめ込んでいった。ただ、こんなふうに刻んでいっても、なお証券化が難しい部分も残った。それらは〝有害廃棄物〟と呼ばれるようになるが、文字どおり有害なものというわけではなかった。だが、金額で評価をするにはあまりにも複雑なものだった。投資銀行としては次のような取引を組み立てることができれば理想的だった。つまり、そのような有害廃棄物の価値がどうであれ、他のトランシェ（分割発行）からの利益が元の住宅ローンを切り刻んで組成する際のすべてのコストをカバーして余りあれば問題はないのだ。

エンロンも天然ガスの新規市場を創設するにあたって、モーゲージの証券化と同様の問題に直面した。天然ガスの市場では、需要家は柔軟性を要求する（需要家の典型として、製造過程で天然ガスを必要とするメーカー、あるいは何万戸という住宅地にガスを供給する地方のガス会社を想定されたい）。需要家は天然ガスのコストがいかほどになるのかを前もって知りたい。一方では、不要なガスは購入したくはないし、価格の上昇したガスも買いたくない。つまり、需要家は前もってガスを買うことよりも、後になって特定の価格で買うことのできるオプション（権利）を確保しておくことのほうに魅力を感じるのである。同様に、生産者も入手が困難になるかもしれない天然ガスの販売契約は避けたいと考えている。あるいはもっと高く買ってくれる買い手に売りたいと思っているかもしれない。そこで生産者は、価格は期待していた値段より低いがコストを十分にカバーできるだけの値段で販売するオプションを契約することとなる。

スキリングのガス・バンク（ガスの銀行）

ジェフリー・スキリングは前述の問題に対して、エンロンがガス・バンク（ガスの銀行）を創設することで対処した。ガス・バンクの準備は、天然ガスの長期供給契約を生産者グループと結ぶことから始まった。これは投資銀行が住宅ローンをいくつも買い集めることと同じであった。続いて、天然ガスの大口需要家が魅力を感じてくれるように、契約内容を組成する方法を検討した。既述のとおり、需要家が一番望んでいたのはオプションだった。エンロンはさらに、スワップを使って価格の安定化を図った。スワップは顧客がもっている固定価格とエンロンがオファーする変動価格、あるいはこの逆を交換する手法だった。エンロンは仲介者として利益を得られるため、このスワップ取引のどちら側でもハッピーだった。このようにして、エンロンはスワップとオプションの両方のマーケットを作り、そしてまた、スターウォーズのカードを交換しているときに利発な子供なら夢想しそうなものとほとんど同じ、いやもっと魅力的な取引方法も考案したのであった。

エネルギーのスワップはトレーディング・カードの単純な交換よりは複雑だったが、出所はウォールストリートだったため、基本的な考え方は同じだった。エンロンには膨大な天然ガス・パイプラインのネットワークがあっても、顧客への納品経路は常に経費が少なくて済むとは限らなかった。そんな場合には、エンロンはスワップ契約を考案し、自社でガスを輸送せずに済む方法を採った。つまり、エンロンは顧客の地元の供給会社に顧客への供給を依頼し、そのコストと前もって顧客と契約していた価格との差額を負担したり、あるいはその差額で儲けたりする仕組みを導入したのである。エンロンは自社が供給する場合の固定価格と各地のさまざまな供給会社が提示する価格とをスワップしたのだ。エンロンはこの取引のとき、顧客に対し安定した価格を提供する対価としてのプレミアム（特別料金）を課すことを忘れなかった。

これらオプションとスワップという二つの営業の柱から、エンロンはさらにもっと多くの商品を組み立てた。たとえば、スワップとオプションの単純な合成で、〝スワプション〟と呼ばれるものがあった。エンロンが提供したその他のさまざまな商品と同様、スワプションももともとエンロンが発案したものではなく、ウォールストリートの既存商品の焼き直しといえるものだった。とはいえ、エンロンは天然ガス取引のコントラクトの標準化では先駆者となった。標準化のいい点は、このように標準化されると、それぞれのコントラクトが容易に理解され、取引がシンプルになる点だ。エンロンはまた、生産者や顧客の特別なニーズを満たすカスタマイズした個別のコントラクトも考案した。エンロンにとって、これらのコントラクトの良いところは、エンロンがこの仕組みを考案した努力の報酬として、相当の手数料を受け取ることができることであった。

生産者と需要家を仲介する立場にいたエンロンは、生産者と需要家の双方が希望する価値を設定してあげることによって、天然ガスの価格を引き上げることが可能だった。しかし、投資銀行と同じく、かなりのリスクにさらされる天然ガスのコントラクトを保有していることもあった。たとえば、不測の品薄から価格が暴騰した場合でも、コントラクトに従って、需要家への受け渡しは絶対に履行しなければならないのだ。したがって、エンロンにとってはいろいろと模倣をした投資銀行のビジネス・モデルからもう一ページをコピーして、リスク管理のシステムを作ることが必須事項となった。エンロンはそこでエンロン・リスク・マネジメント・サービス（ERMS）という別の事業本部を作り、自社で採用するためと顧客に販売するための両方のシステムを開発することとなった。

エンロンのガス・バンクは、エンロンの主要な事業となり、エンロン・ガス・サービス（EGS）、後にエンロン・キャピタル・アンド・トレード・リソーセズ（ECT）という名称で知られるようになった。ジェフリー・スキリングはマッキンゼー・アンド・カンパニーを出てエンロンに入り、EGSとそして後にはECTのCEOになったのである。これらの会社は成功し、その功績により二〇〇一年にスキリングはエンロン全体を率いる本体のCEOに就任することになる。世界のトップクラスの革新的企業としてのエンロンの名声は、このガス・バンクの創設と、そして同様のバンクを他の市場――最も注目すべきは、電力市場――でも創設したことに対して寄せられていた。

エンロンは、しかし、自らが天然ガス取引の中心となる過程において、自分を破滅に導く種も同時に植え付けていたのだ。強引な会計処理の慣行、特別目的事業体（SPE）の悪用といった種は、スキリング流のやり方から生まれたのである。

エンロンが生産者や消費者と長期間にわたる天然ガスの契約を結んだとき、会計上どのように処理すべきか、という問題に直面した。エンロンが辿《たど》った道や最終的に陥ってしまったところについて、エンロンや会計士を責めることは簡単だ。だが、実際のところ、数年間にわたる複雑な取引については十分に解明できないのが実情である。経済的に完全な社会においては、取引からの利益は取引が行われた時点で計上するのが正しい処理の仕方であろう。そして、取引が完了し、契約内容の価値が時とともに変化すると、すでに説明したマーク・トゥ・マーケットの処理方法を適用するのが適切な会計処理であろう。既述のとおり、ケネス・レイはもともと経済学者であったため、彼が合理的なマーク・トゥ・マーケット会計を採用することはごく自然な選択だったのだ。

マーク・トゥ・マーケットによる会計手法は、株式に投資する金融機関はごく普通に採用している。株券は装飾を施した一枚のシートのように見えるが、正式には発行会社の将来の利益に対する配当請求権が化体《けたい》されたものだ。金融機関が保有するほとんどの株式は活発に売買されているため、彼らの持ち株の総額を知るのは容易だ。もしある投資銀行が、ある株式を投げ売りしたい投資家から一株二〇ドルで一〇〇万株を買い取ったとする。そして、この株式が買ったその日に二一ドルまで上昇して取引を終えた場合、投資銀行は一〇〇万ドルの利益を記帳できるのである。金融機関がよく採用しているマーク・トゥ・マーケット会計では、利益を計上するために株式を売却する必要はない。だが、持ち株のポジション（持ち高）からの増減を把握しておくために、毎日引け後に値洗い（株価をチェック）をしなければならない決まりだ。今日の利益は容易に明日の損となる世界だ。株価が二一ドルに上昇し、今日儲けた一〇〇万ドルは、あすの終値で株価が一九ドルに下落すると、二〇〇万ドルの損に変わってしまう。

マーク・トゥ・モデル（モデル評価）

エンロンがこの事業を始めてみると、各顧客向けに組成したたくさんのコントラクトは評価が極めて難しい、という問題に直面することとなった。その理由は、実際の市場に比較の基準とすべき価格が存在しなかったからだ。その比較の基準に代わるものとしては、コンピュータを使って各コントラクトを評価するモデルがあった。ウォールストリートではすでに一般的に使われ〝マーク・トゥ・モデル〟という名称で知られていた。ところがその〝マーク・トゥ・モデル〟はたくさんの投資銀行関係者を罠にはめてしまうものでもあった。つまり、コンピュータが算出した価格が実際の価格だと勘違いをしたり、マーク・トゥ・モデルの価格をマーク・トゥ・マーケットの価格だと思い込んでしまうのだ。エンロンもこれと同じ罠にはまってしまった。そればかりか、徐々に競争が激化して利益を上げることが容易ではなくなってくると、自分に都合のいいようにその計算モデルを操作したのだった。

エンロンが採用したマーク・トゥ・マーケット（またはマーク・トゥ・モデル）の会計処理は、一般の製造業では珍しいもので、会計の専門家の間でこれが標準的な会計慣行として定着するにはまだ数年を要した。マーク・トゥ・マーケット会計を採用したエンロンがまず得られた利点は、利益を膨らませて見せることができた点だった。これはもっと保守的な会計処理では不可能なことだった。ただ、罠もあった。多くのヘッジファンド（エンロンは基本的に巨大なヘッジファンドだと見られるようになった）が陥った罠である。一九九八年に世界の金融市場の活動を一時麻痺させたロングターム・キャピタル・マネジメントの破綻を含め、その他たくさんのヘッジファンドの大惨事は、小さなヘッジファンドが比較的小さな資金で巨額のリターンを得る新種のトレーディング手法を開発したことに端を発している。ファンドの規模が拡大し、他のファンドも真似をし始めると、利益は縮小する。莫大な利益を確保し続けようとして、ヘッジファンドは次から次にリスクを取って、ついには小さな躓《つまず》きが、巨大ファンドを吹き飛ばしてしまうのである。

エンロンの物語は標準的なヘッジファンドの運命をなぞることになるが、ただそこには一つだけ特異な面もあった。急拡大する利益成長を維持していくためにエンロンが取ったリスクには、適法性が疑問視される諸活動が含まれていたのだ。最も多くの疑惑を生じさせたのは、SPEに関する活動だった。そしてエンロンが初めてそのSPEに関わることになるのはガス・バンクのビジネスに関してだった。

スキリングとファストウ

エンロンとの取引開始を最も喜んだ天然ガスの生産者は、絶対的に資金が不足していた。一方、何でも揃っていたエンロンであったが、ただ資金だけは余裕がなかった。エンロンは天然ガスを低コストで仕入れるための資金を手にするため、お金を持っているところと組まなければならなかった――銀行とその関連金融機関だ。エンロンが取引を設定し、銀行が資金を提供する協力関係を公式の形でまとめるには、SPEを発足させることが一番だった。このSPEの仕組みでは、将来天然ガスを納品する契約をした生産者に銀行の資金を提供するのだ。これだけなら「序」で説明した映画の制作・配給のためのＳＰＥと同様で、法に抵触することは何もない。ただ、映画の場合は数か月で制作・配給の費用を回収することができるのに対し、天然ガスの取引は二〇年もかかるのである。

これらのＳＰＥはエンロンの発展にとって重大なステップだった。当時すでにガス・バンク事業のリスク管理のために、エンロンは銀行とは深い付き合いを始めていた。エンロンは一時的あるいは永続的に保有することとなったコントラクトに関するほとんどのリスクを、その他の天然ガスの先物コントラクトやさまざまな金利先物に転嫁させていたのだ。そしてエンロンのビジネスが徐々に洗練されてくると、また前述どおり、金融市場で人材が買い手市場となると、ヒューストンへ移ってもよいとする優秀な人材を銀行から採用することができるようになった。そんな状況下、一九九〇年にエンロンのスキリングは、シカゴのコンチネンタル銀行のシニア・ディレクターだった正真正銘の金融の専門家をＳＰＥの立ち上げリーダーとして雇い入れた。彼の名前はアンドリュー・ファストウ。彼がＳＰＥを創設し、やがてそこからダイレクトに四、〇〇〇万ドル以上も着服して、エンロン崩壊劇の舞台作りを準備することとなる。

第4章

〝ランク・アンド・ヤンク〟

一九九〇年にアンドリュー・ファストウはエンロンの役員に就任した。彼の就任はエンロンの〝太陽系〟経営システムの最終仕上げ、といったものだった。つまり――やがて日常よく耳にする言葉となる――レイ、スキリング、ファストウの〝三頭政治〟体制が完成し、エンロングループの主要なスター経営者三人が出揃ったのである。三人はそれぞれミスター・アウトサイド、ミスター・インサイド、ミスター・インサイドのインサイダー、としての役割を担うこととなった。歴代の大統領とゴルフをする仲であったレイと比べ、また、ビジネス戦略を夢想していたジェフリー・スキリングに比べると、アンドリュー・ファストウは存在感に乏しかった。レイが太陽でスキリングが地球だとすると、ファストウはもっとぼやけていて、傍系《ぼうけい》の存在――〝お月さん〟だった。実際、一九九八年にエンロンの最高財務責任者（CFO）に就任しても、彼が何者なのかわかっている人は社内にもほとんどいなかった。

エンロンのエリートたちによる〝太陽系〟経営システムという仕組みのなかで、この三人の周りの軌道を回っている人たちがたくさんいた。レイの周囲にはスキリング、レベッカ・マーク、そしてエンロン草創期では古株のリチャード・キンダー。スキリングの周囲には、自分が選んだファストウ、そしてエンロン・キャピタル・アンド・トレード・リソーセズ（ETC）のなかの日の出の勢いのスターたちがいた。彼らは〝マイティーマン・フォース〟（力持ち軍団）として知られた精悍《せいかん》な幹部社員で一団を構成していた。彼らの多くはスキリングと共に出世コースを歩んで幹部となった社員で、スキリングのガス・バンク事業を成功へと導いた。これらとは対照的に、ファストウはレイとスキリングの二人の周囲軌道を回り、特にスキリングに忠誠を誓い、自分が醸成してきたエンロンの企業風土に過度に執着していた。

彼ら一人ひとりのことをよく理解すると――そして、時にはお互いに敵になり味方となって戦う彼らのバトルのことを理解すると――エンロンの企業風土としてのダイナミズムが見えてくる。さらには、あの途方もない破綻が生じるうえで、エンロンの企業体質が果たした重要な役どころも浮き彫りとなろう。

エンロンの社内には、〝エンロンの企業風土においては、自分の周囲に最も聡明なギリシャ人奴隷を従えることのできたローマ人がエンロンを仕切っている〟と考える人もいた。レイやスキリングと親密な関係にあったエンロン社内のこれらローマ人たちには、常に給与、ボーナスがたっぷりと与えられ、ストックオプションや株式そのものも付与されていた。また、監視カメラのついた駐車場も、六台分のスペースがあてがわれていた。一方、〝奴隷〟の給与となると、物価水準を調整しても、ウォールストリートとはかなりの差があった。エンロンでは——グループ全体に浸透していたが——ローマ人になることはいつでも可能であると言われていた。ただし、そうなるには、激烈な実力主義の競争の場で、十分な戦勝を積み上げなければならない。社内のギリシャ人たちは、すぐにローマ人とは誰のことなのか、そして自分たちの自由は見せかけだけで評判どおりではないということに気づくのであった。

アンドリュー・ファストウはニュージャージー州で育ち、タフツ大学に通い、経済学と中国語を専攻した。タフツ大学ではヒューストンの人脈ができたが、そのわけはヒューストンの有名なスーパーマーケット・チェーンのオーナーの娘、リー・ワインガーテンと結婚したからであった。ノースウェスタン大学の経営大学院ケロッグ・スクールでMBAを取得すると、エンロンに入るためにヒューストンに移るまでの間、彼は妻リーと一緒にシカゴのコンチネンタル銀行で働いた。その後、ヒューストンに移ったアンドリューとリーは、レイやスキリングを含

2002年2月7日，米下院のエンロン問題監視・調査小委員会の聴聞会で証言の順番を待つエンロンの前最高財務責任者（CFO），アンドリュー・ファストウ。ファストウは憲法修正第5条を引用し，「弁護士のアドバイスにより，私は質問にお答えすることを拒否します」と発言，証言を拒否した。
（AP Photo／Dennis Cook）

め、ヒューストンのビジネスとスポーツのエリートたちが住んでいるオークス・リバーには住まず、ライス大学近隣の中流階級の地区で、静かに暮らし始めた。彼らがオークス・リバーに移ろうと計画したのは、ファストウのエンロン生活が終わろうとしていた頃だった。

アンドリュー・ファストウは控えめな性格のように見えるかもしれないが、面と向かうと、強情で威圧的な態度をとる性格だというのがよくわかった。彼はエンロンの株価に影響を与えるレポート（後になってそれが株価に影響したといえる場合）を書くアナリストたちをうまく手なずけることができなかった。社内においては、部下たちはファストウの戦略に疑問を投げかけたり、手張り（自己取引）をしているのではないかと疑いを持つことによって、その場で解雇されたり、行き詰まっている部署に飛ばされたりしないかと恐れをなしていた。そんななかでファストウは、エンロンの役員も含め誰にも邪魔されずに、法律的に怪しげなSPEをいくつも立ち上げることに成功した。さらに、ファストウは自分自身をこれらのSPEのマネジャーに据えた。この役職兼務はエンロン社内の企業倫理綱領のなかでは、免責事項としての承認を受けなければならないものであった。これらの地位での権限をもって、ファストウは自分と自分に協力した部下のポケットに、巨額のお金を流し込むことができた。もしエンロンの繁栄が継続していたと仮定した場合、ファストウの手張りは永遠に露見しなかっただろう。だが、二〇〇一年になると、エンロンの運命は突然悪い方へと向かうこととなった。

企業風土

エンロンの罪状は言語道断であり、その破綻劇もまた壮大なスケールで展開した。なぜあんなにも悪く事態が進んでいったのか。その理由を知るために、この会社のなかに分け入って企業風土などを調べたくなるのも至極当然のことだろう。報道機関が常日頃陥っていることだが、ある組織を遠く離れたところから分析してみても、だいたいは疑わしい結論しか得られない。

ただし、エンロンの行く末を大きく運命づけたのは重症の機能不全に陥っていた企業組織だった、という分析には十分な根拠がある。

エンロンにも表面的には成功している他の組織と共通する要素がたくさんあった。つまり、飽くことなくエクセレンス（卓越性）を追求し、自社がベストであること、最も優秀な人材を集めることに腐心していた。もちろん誰が最高の人材で、誰が一番頭の切れる人材であるかは、主観的な概念である。ただ、残念ながら、実社会では当たり前のこととされているが、頭の切れる人材を揃えることが成功への処方箋だという保証は何一つない。一九九八年早々、二人のノーベル賞に輝く教授が在籍し、その他にも一流大学から数人の教授が招聘《しょうへい》されていたロングターム・キャピタル・マネジメントは、当時の金融関係者から最も優秀な人材を集めているという評判だった。彼らがあまりにも頭が切れすぎたのか、それともその頭の良さとは関係がなかったのか、ともかくロングターム・キャピタル・マネジメントは、エンロンが次に破綻するまでは、失敗の標準型となっていたのだった。

ジェフリー・スキリングはエンロンの事業全般に対して影響力を持ち、アンドリュー・ファストウは同じように財務面で支配力を握った。しかし、それでもなお、エンロンはケネス・レイの会社であった。ケネス・レイの個人的な哲学がエンロンの全般的な社風となっていった。エコノミストであったケネス・レイはマーケットの力を信じた。つまり、エンロンは新規マーケットの創設によって繁栄したのであり、マーケットの合理主義がエンロンの社内体制を構成するモデルとなるべきものであると考えた。

〞自由市場に基づく経済〟についてはよく知られているイメージがある。ミルトン・フリードマンが笑顔で深淵なる説をほとばしらせている図だ。彼はSF作家のロバート・ハインラインが作ったという言葉を使って、こんなことを言っている。――「フリー（自由な、無料の）ランチなどというものはない。」 経済学の主流を歩むほとんどのエコノミストたちは、自由な市場は基本的によいことだ、と意見が一致している。この点ではリベラルなニューヨーク・タイムズのコラムニストで、彼自身エンロンの顧問でもあったポール・クルーグマン教授も同調すると思われる。――だが、彼らの意見が相違する点は、その自由の度合いをどこまで広げられるかという点だ。自分の給料から税金が控除されていて腹が立ったことがあれば、それはミルトン・フリードマンのせいなのだ。――彼がもう少し弱気にならずに天引きの制度の導入に反対してくれたならよかったのだが。

自由な男たちのための自由なマーケット

ケネス・レイ（および、その影響下のエンロンという企業）に最も強い影響を与えたと思われる自由なマーケットの〝教祖〟はロナルド・コースだった。ミルトン・フリードマン同様、コースもノーベル経済学賞を受賞し、シカゴ大学で教鞭を執っていた。コース教授は、バージニア大学で教えていたとき、ディナーのためにシカゴ大学を訪れた。同席したのはシカゴ大学経済学部の学者たちであった。コースはちょうどその頃ある記事を寄稿し、「連邦通信委員会（FCC）はテレビ局やラジオ局に単に免許を与えるだけではなく、免許はマーケット・メカニズムを導入して販売すべきだ」との持論を展開していた。シカゴの経済学者たちは、そんな仕組みはどんなマーケットでも無理だろうと考えていたが、コースはそのディナーが終わるまでには、そのスキームが有効に機能することについて出席者のほとんどを納得させてしまった。

このときまでにコースに分かっていたことは、経済学者たちが長い間懸念してきた諸種の問題は従来型のマーケット機能では解決できないものであり、解決するには、財産権の譲渡やその実行に政府が干渉することを制限する必要がある、ということであった。コースがまずこの推論を適用しようとしたのが公害問題だった。

公害問題に対する政府のそれまでの対策は、電力会社や工場が排出することのできる排ガスの総量を一律に規制することだった。コースはもっと良い方法は、企業に排出の権利を割り当ててその権利を売買させることだ、と考えた。同様に、電波についてはFCCは監理せずに、放送局や携帯電話事業者、あるいはその他に、オークションでその権利を競り落とさせ、その後業者間で売買をさせるのである。

天然ガス産業のなかで勇姿を現したエンロンにとって、一九九〇年代に浮上してきたこの排出権売買は大歓迎だった。天然ガスを使う施設、あるいは石油やその他の化石燃料から天然ガスへ変換する施設の場合は、汚染源の排出量が少ないため、排出権の購入は少なくて済むこととなる。つまり、天然ガスは環境にやさしい施設を操業するうえで、コスト優位性があった。天然ガスのマーケットでエンロンが開発した専門的な取引手法は、実際、排出権市場でも適用されることとなり、エンロンもその市場に参入していった。

もう少し大きな視点からこの問題をみることとする。京都議定書の構想では、温室効果ガスの排出に上限を設けて世界的に制限する一つの方策として、排出権マーケットを国際的に拡大させることを狙ったようだ。エンロンにはこの議定書を支持するビジネス上の健全な理由があった。一方、自由な市場を唱道するエコノミストたちの多くにとっては、この京都議定書は受け入れがたかった。というのも、そもそも排出権を初めに配分する、また、排出量の上限を決める主体が、マーケットではなく政府であったことがその理由であった。

コースの学説は、自由な取引はマーケットが存在して初めて可能となる、という一般的な考え方の基礎を形成していた。しかし、資本主義が十分にその良さを発揮する条件としては、いくつかマーケットがただ単に存在しているというだけでは不十分であり、〝適切な〟マーケットの存在が不可欠だった。エンロンが考えた成功への数式とは、最初にガス・バンクの例として見られたが、いくつかの適切なマーケットにおいてプロバイダー（提供者）になるというものだった。これから検討していくが、エンロンはその後、天然ガスから電力、排気ガスの排出権、そして通信、水道へと対象を広げ、ついにはエンロン・オンラインというシステムにすべてを収斂《しゅうれん》していったのである。まさに、自由なマーケットはエンロンの宗教だったのだ。

エンロン社内の企業体質も自由なマーケットという宗教を反映していた。コース教授は排出権の取引およびFCC（連邦通信委員会）免許のオークション制度の考案者として著名だったが、それらが彼を初めて有名にしたわけでもなく、またノーベル経済学賞の受賞理由でもなかった。コースは研究者としてかなり若い頃、そもそも企業の存在理由は何かについて学説をまとめた。彼はある種の取引が、特に提携や協調が付随する場合は、あまりにも割高となってしまいマーケットでの取引に不向きなことを指摘した。企業、家庭、その他の社会的な組織は、いろいろな制度に保護された自分たちの枠組みのなかで、目標を成し遂げている。それはマーケット・メカニズムが、少なくとも現状の機能では、成し遂げ得ないことだった。コース自身はマーケットの影響力をあちこちに広めた一方で、マーケットが入り込んではいけない領域もきっちりと押さえていた。

企業にとって人材の確保と解雇に関する取引が〝割高となる取引〟の一つであり、しばしば一番高いコストとなる。自由に購入され、消費され、廃棄のできるオフィス用品とは異なり、従業員の雇い入れにはお金がかかり、また、解雇するときもそれ以上のコストがかかる。成功している会社は自社内で〝枯れ木〟となった人材を削減する方法を常に模索しているが、外部にはその削減ができるだけ公平で合理的に見えるように努力する。皮肉にもその努力が会社に対する訴訟件数を減少させているのだが、同時にビジネスとしても合理的なことなのだ。

エンロンの一九九九年度年次報告書のなかにある株主への報告で、ケネス・レイはこう述べている。「それぞれ個人は自分がベストだと信じることを実践する権利があります。……しかし、私たちは一人ひとりが思慮深く行動するように常に目を光らせてもいます。……私たちは、結果がすべてなのです。」この発言は要するに、エンロンが従業員をどのように見なしているかを表している。エンロンの企業文化は詰まるところ、基本的に次の二点に絞られる。一つ目は「利益」であり、二つ目は「さらに大きな利益を稼ぐ方法とは」という点だ。この会社は、小売業関連のような利益率のあまり良くない仕事とは長期的に取引をする関係にはなりたくない、あるいは全く関わり合いたくはない、というのが基本スタンスだったのだ。

急成長する会社の常として、エンロンも不足する人材を外部に求めざるを得なかった。エンロンでの採用は二つに分かれていた。一つは大学あるいは大学院の新卒、もう一つはその道のプロの採用だった。

プロとしてエンロンに採用される人たちは、自分のキャリアとスキルをもっと引き上げたいと思っている人たちだった。彼らはもっと高度な金融知識を身につけたいと考えた、会社役員や管理職経験者だった。あるいはもっと商取引の現場を踏み、金融のリスク管理を経験したいと考えているベテランの融資担当者または投資銀行の行員もいた。エンロンの雇ったトレーディング経験者は、原則としてエンロンでもトレーディング業務に就くことが多かったが、なかには投資銀行関連業務に就く場合もあった。

エンロンは、幹部社員にとって、エンロンを辞めてからのステップアップに備えて自分を鍛え上げることのできる場所であった。元エンロン社員は、エネルギー関連企業ではその高いトレーディング・スキルや営業手腕が買われ、引く手数多《あまた》だった。エンロンの知名度と上昇する株価は他社の模倣を促し、エンロンの従業員を雇うのが一番手っ取り早い方法だとされた。だが、あとで判明することになるが、エンロンは単に競争相手を心中の道連れにしていたのかもしれなかった。

新卒の新入社員候補には、エンロンのかなり上席の管理職者が大学のキャンパスで面接していた。エンロンはアメリカの一流大学の院生に的を絞っていた。また、学部の卒業生の場合は、十分なビジネス・カリキュラムもある一流の工科系、あるいは理系の大学から採用した。学部卒業生は数学、エンジニアリング、サイエンス専攻の学生に絞っていた。これらの学部の応募者は、傾向として何年間もの間一生懸命勉強することに耐え、試験前は徹夜し、平均より高い知性と強い勤労に対する倫理観を身につけている、と会社は考えたのだ。エンロンの基準に合致すれば、場合によっては教養学部の卒業生も採用された。つまり、クラスでトップあるいはそれに近い成績で卒業し、性格が積極的なことが条件だった。さらに、学歴には関係なく、候補者たちは、彼らが従事したすべてのことにおいて、それらを迅速に処理できる能力を示さなければならなかった。

また、候補者は一定期間継続して、仕事に対して高水準の集中力を持続できるかどうかが試された。エンロンのそんな仕事の環境や従業員の向上心をトップクラスの法律事務所になぞらえる人もいた。そんな法律事務所はだいたいにおいて、パートナー（共同経営者）となるためにはどんなことでも喜んで引き受ける若くて聡明な弁護士たちであふれているのだ。

スーパー・サタデーズ

最初の面接によって選抜した後、候補者は二回目の面接に呼ばれる。エンロンのヒューストン本部では、十二月から三月にかけて、三回から五回、土曜日に面接が実施される。そのうちの一回に出席して面接を受けるのである。その時は一〇分間の休憩を挟み、あとは連続して八人の面接者によって、五〇分間の面接が実施される。二〇〇名から四〇〇名の候補者が一回のスーパー・サタデーで面接されていた。

候補者の採点項目は五つないし八つに分かれていた。面接者は候補者を項目別に採点し、各項目の平均をベースにして総合点をつけた。それらの項目とは、仕事の迅速性、生来の知性、そして問題解決能力、などだった。評点は一（最低）から五（最高）まであり、足切りの評価点は二・五だった。総合点平均がこの点以下だと、入社は無理だった。

合格通知は週末の面接のあと、二、三日で届いた。スーパー・サタデーズに出席したほぼ半数の応募者が合格した。エンロンはトレーダーとして働きたいという意向を示した候補者はなるべく希望に沿うようにしたが、新規採用者は通常、需要が一番高いところに配属された。もし目当ての候補者が入社を辞退した場合は、エンロンは採用手当てのような形でその候補者の前にお金を積んだ。

大きな会計事務所や法律事務所と同様、エンロンも経験のある人よりも成績のよい学生や院生の方を採用することを好んだ。そのほうが安くて柔軟な労働力となったからだ。新入社員たちは六か月ごと、あるいは一年ごとに、新しい仕事に回された。そして、その後最終的な職場が決定され、あるいは昇進もあった。大学院を修了して入社した社員は、通常、入社後二年でマネジャーとなった。ビジネス・スクールの卒業生は二年以内にマネジャーに昇進させてもらえなかった場合、会社を辞め、競合会社や投資銀行へ移ることもしばしば見られた。学部卒業の社員は二年以内にアソシエート（主任）に昇格しなければ、ビジネス・スクールへ行くことを選ぶ例も多かった。

標準的な仕事の手順

優秀な人材を確保するためにエンロンは相当の努力を傾注したが、それにもかかわらず、首を切るのも早かった。エンロンは従業員を〝ランク・アンド・ヤンク（人事考課によるランク付けと追放の人事政策）〟という言葉で知られるようになる独特の方法で評価していた。〝ランク〟はエンロンのような企業ではごく普通に見られる組織運営の方法だった。つまり、従業員の昇級、昇進を決定するために、また、達成率の悪さなどを記録して将来の配置転換のときに役立たせるため、ほとんどの会社は従業員を密かにグループ分けしているのである。

エンロンは従業員を新入社員採用時の評価と同じく、一から五の段階に分けてランク付けをした。これには六か月ごとに見直しが入った。ただし、全従業員の一五％は最低ランクの一に分類されて、エンロンから追放されるという仕組みだった。外見上、これらの措置が公平であるという印象を与えるため、追放の対象者は次の六か月後の見直し時までに実績を向上させるチャンスが与えられていた。だが、実際は六か月ごとに次の一五%の対象者が発生していくわけで、最低のランク付けをされた従業員にとっては会社に居続けることは難しかった。したがって、彼らは会社にしがみつくことよりも、通常は退社の条件をのむ途《みち》を選んだ。さらには、二あるいは三にランク付けされた従業員も、翌年は追放の対象となるだろうことが巧妙に知らされていた。このようにエンロンの従業員の半分がいつ職を失うか分からないという危機的な立場にあり、多くの従業員は、エンロンは情け容赦のない企業風土の会社であり、一人ひとりの従業員をお互いに戦わせている、と話し合っていた。社内の枯れ木を放逐するために、この〝ランク・アンド・ヤンク〟を採っている企業はアメリカにある全企業の二割にも達すると言われる。ほとんどの場合、最低の評価を受けた一〇%の従業員が対象となる。しかしエンロンのように極端な形で導入すると、一部の高いランクにいる従業員を除いて、ほとんどの従業員の雇用の安定を脅かすこととなる。

エンロンの経営者は「親切は弱さの裏返し」と考えているようだった。エンロンがマーケットで直面した同じ厳しさがそのまま社内に持ち込まれ、社内の内部結束や士気は破壊されていった。自分の職務を十分に果たしていない従業員を早期に、かつ巧妙に切り離そうとしているうちに、エンロンは社内でほとんどの従業員が自分の意見を述べたり、非倫理的あるいは不法なビジネス慣行に対する疑問を口にできないような社風を形成してしまったのだった。ランク・アンド・ヤンクの手法は恣意的で主観的だったため、マネジャーたちは部下を従順にさせるときや、不満を抑えるために、よく利用した。エンロンはフォーチュン誌によって、アメリカの〝最も尊敬される会社〟の一つにリストアップされたが、雇用慣行は同業者からは最も非難されるべき企業だとの烙印を押されていた。つまるところ、エンロンはマーケットの原理をいかに自社内部の組織運営に生かすかといったことにやたら執着していたが、それがエンロンの崩壊を導いたのだった。

第5章 マーケット創設を事業化すれば好業績

ケネス・レイがエンロン全体の将来の展望を包括的に指し示す一方、ジェフリー・スキリングはその将来の展望を実際に実現する手段を編み出していった。エンロンに繁栄をもたらすためにスキリングが採った戦略モデルは、経営コンサルティング会社が自社のビジネスを成長強化させるために採る戦略モデルと同じものであった。このことは、単なる偶然の一致ではなかった。

エンロンは天然ガス産業において中心的な役割を担っていたが、同様に電力、排出権ビジネス、そのほかバンドウィドス（回線容量）などのコモディティー（商品）の取引においてもその中心を占めるようになった。エンロンが一九九〇年代にどのようにして巨大化していったのかを調べる前に、ジェフリー・スキリングに〝ものの考え方〟を叩き込んだ産業を見てみたい。もともと、コンサルティング会社は顧客が自社では解決不可能な問題について、代わって解決してあげることでお金を稼ぐシンクタンクであった。当時のコンサルティング会社は対象分野をコンピュータなど技術的な問題に特化しており、自社の専門家たちには顧客企業の専門家よりも格段働きやすい環境を整え、顧客企業からは彼ら専門家に対する要請も極めて少ない頻度だった。

しかし、一九六〇年代からはコンサルティング業も、ビジネス（経営）という新しい専門領域を持つ会社――つまり、経営コンサルティング会社――が現れるようになり、新しい業態へと変貌していった。なかでも一番注目されたのが、一九六三年にブルース・ヘンダーソンが創業したボストン・コンサルティング・グループ（ＢＣＧ）だった。その他の何人もの経営コンサルティング会社の創業者と同じく、ヘンダーソンもビジネス・スクールの教授だった。単に顧客企業のための労働力の一時的な貯蔵所という役目ではなく、ＢＣＧやその当時の同業社は自社の確実な戦略的アドバイスを商品へと昇華させる方法を考えた。まず、最初の顧客――通常、著名な会社の一社――には実験台となってもらうように計らった。コンサルティング会社はクライアントの戦略上の問題点を概念的に捉える新しい手法を開発した（問題解決のための実際の作業は通常、顧客に任される)。

このような経営コンサルティング会社のパートナーたちは、ビジネス・スクールを出たての駆け出しのコンサルタントでも、ほんの少し指導をしてあげれば顧客に対して十分なコンサルティング業務が実施できるように、自分たちの方法論を分かりやすく単純に組み立てた。パートナーは、顧客にはたっぷりとプレミアムを付けて請求し、若いコンサルタントには自分たちが受け取る取り分のほんの僅かな分け前しか渡さなかった。会社は開発した商品の最初の仕事では赤字となっても、その商品が次々と新しい顧客を獲得すると、コストがほとんどかからないため、利益が転がり込んでくるという仕組みであった。このようにして大量生産方式による恩恵がコンサルティング会社にもたらされたのである。

一九七〇年代の後半、ちょうどジェフリー・スキリングがハーバード・ビジネス・スクールを修了した頃、ＢＣＧは自社開発の経営戦略論をビジネスに応用したいくつかの商品を発表していたが、それらはもの凄い人気だった（また、大企業はさらに莫大なコンサルティング・フィーをＢＣＧに払う余裕もあった)。ＢＣＧの方法は、生々しい具体的な問題点にまでは踏み込まず、顧客企業の全製品を二次元のマス目上にプロットしていくという手法だった。この手法が画期的だとされたところは、「顧客企業はマス目上でバランスの良い〝製品ポートフォリオ〟を持つこと」が重要で、その一方、その「マス目上に〝ドッグズ（負け犬)〟と名付けた場所にプロットすべき製品を持たないようにすべきだ」とした点だった。最も望ましいとされた製品タイプは二つあり、その一つは〝キャッシュ・カウ（現金を生む牛、ドル箱）〟であった。もう一つは〝スター（星）〟だった。キャッシュ・カウに属する製品はすでに大きくなりすぎていて、これからの成長余地があまりない、という問題点があった。しかし、それらの製品はそれぞれのマーケットに君臨している場合が多く、安定的にキャッシュを稼いでくれる製品ではある。一方、スターはもっと良い製品群で、利益をもたらしてくれるもの、というだけではなく、製品そのものの成長性も著しいものだ。唯一の問題は、スターに分類される製品は永久に光り続けられるわけではないということ、また一つの製品は自然に人気が出るものでもなかったという点だ。どちらかというと、人気が出るまでに育てることが必要だった。キャッシュ・カウが生み出したお金は、将来のスターを育てるためにベンチャー・キャピタルとして使われていた。

図5－1　製品ポートフォリオ

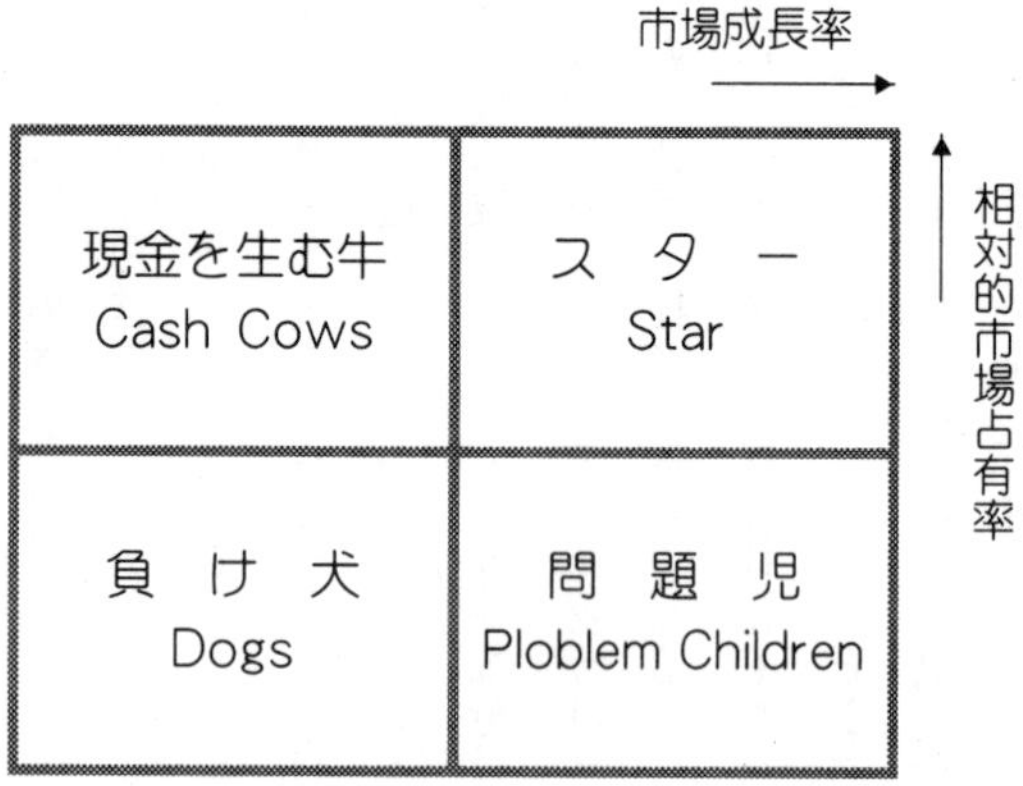

キャッシュ・カウとスターを超えて

前述の手法は少々野暮ったく古くさい印象を与えるが、実際はGEが採用して一九八〇年代、九〇年代に急成長したときに大いに役立った。GEの会長に就任した当初、ジャック・ウェルチはボストン・コンサルティング・グループの溌剌《はつらつ》とした若きコンサルタント、マイケル・カーペンターを引き抜いた。ちょうど数年後、ケネス・レイがマッキンゼー・アンド・カンパニーからジェフリー・スキリングを連れてきたのと同じだった。「トップになれ、そうでなければ二番になれ、それ以外の場合は、去れ」というように表現されるのがBCGの哲学を一番よく表しているが、GEはその哲学の変型を受け入れていた。この哲学は、キャッシュ・カウやスターとなる製品を販売しているのはほとんどの場合、その業界で一番大きな企業かあるいは二番目の企業のようだという観測に基づいていた。

マイク・カーペンターはまた、ジャック・ウェルチがキダー・ピーボディーという当時どの主要な金融の事業分野でも業界のベスト5に入っていなかった投資銀行を買収するときにも活躍した。GEはキダーの運営について、取得した一日目から困難さを知ることとなった。ジャック・ウェルチは、キダーの取得は彼の最大の誤りだったと反省した。そこでウェルチはカーペンターを投資銀行部門の責任者とした。カーペンターもこの仕事にきちんと対処していれば、明らかにウェルチの後継者となっていたことだろう。だが、実際は不幸にも彼は同社の取引に絡むスキャンダルの中心人物となってしまい、ついには同社を去ることとなった。またキダー・ピーボディーもペインウェバーに身売りすることとなったのである。この話にはいささか皮肉でハッピーな結末があった。GEは結局キダーと交換したペインウェバーの株式を売却して大儲けをし、マイケル・カーペンターはシティグループの法人・投資銀行部門を担当する投資銀行の会長兼CEOとして迎えられた。そして、この投資銀行は、エンロンの最大の債権者の一つとなるのであった。

エンロンではジェフリー・スキリングが「アセット・ライト（〝資産の軽量化《スリム》〟）」と呼んだ最も現代的な経営戦略を採用するようになった。一九八〇年代の半ばになり、資金調達の方法としてジャンク・ボンドが使われるようになると、従前からのキャッシュ・カウは企業の成長を促す資金を生み出す源としてもはや不用となった。資金を生み出すのは投資銀行の役割となった。エンロンが勢力争いをしていた競争の激しい産業では、キャッシュ・カウを新たに見つけることはほとんど不可能に近かった。市場価格に対する支配力はほとんどなく、油田やパイプラインなどハードアセットへの投資もまた、〝ドッグズ〟に属する運命にあった。コンサルティング会社と同様、現金を稼ぐのは「人」であり、また、「知的財産」として知られているそれらの人たちのアイデアだった。エンロンの場合、その商品は「マーケット」であり、天然ガスのマーケットをモデルにして、できるだけ多くの商品のマーケットを創設することが同社に利益をもたらす仕組みだった。

ジェフリー・スキリングが自分の考えた戦略を実際営業に導入し始めたのは、一九九七年に彼が日々の営業の実権を掌握してからだった。それまでのエンロンの日々の営業活動は、リチャード・キンダーという人物が総括していた。キンダーはエンロンのナンバー2であり、ケネス・レイの右腕だった。そればかりか、キンダーはエンロンの役員として、スキリングの引き抜きを交渉した当の本人だった。

キンダーは投資案件に対しては、〝オールド・エコノミー〟的手法の体現者だった。キンダーは投資をするからにはそこには確かな収支見通しがなければならない、と案件に常に注文をつけていた。投資案件の計画書が届けられると、重要な論点整理や投資の趣旨のところはすっ飛ばし、真っ先に予想される損益計算書とバランスシートをチェックした。確実に利益が上がる見込みのない案件は、絶対に実行されなかった。キンダーは、マイケル・ミルケンのような人が介在したり、あるいは資金手当てのためにジャンク・ボンドを発行して負債を抱え、それが結局エンロンの財務体質を弱くするような場合であっても、ハードアセットを取得することを選んだ。ほとんどの場合、キンダーは才能を発揮して、取得した資産の収益率を改善することができた。そのおかげでレイもキンダーの試みに対しては文句をつけなかった。

人事に関することとなると、リチャード・キンダー（Richard Kinder）はジェフリー・スキリングより〝親切（kinder）〟だった。昔のエンロンは実際、従業員を幸せにしようとしていろいろと手を打った。キンダーは先をとがらせた鉛筆をもって、自分が決裁する案件は常に厳しく精査するタイプだと見られていた。しかし、同時に、公平で思慮深い判断をする人だとも評価されていた。このキンダーがエンロンを去り、良き時代のエンロンが終焉を迎え、スキリングのもとで〝ランク・アンド・ヤンク〟が全盛となっていった。

もっと資産を、もっと大きな資産を

キンダーの後任のレベッカ・マークの指揮の下、エンロンはいくつかの大規模な資産を購入、建造、あるいはそのための資金を調達した。そのなかには、英国でのティーサイド発電所、世界各地でのガスのパイプライン、ガソリン添加剤であるメチル・ターシャリー・ブチル・エーテル（ＭＴＢＥ）用施設、インドのダボール発電所などが含まれていた。後で詳述するが、最後の二つを取得したことが、エンロンを苦しめることとなり、その選択によって結局レイは自分の後継者としてマークではなくスキリングを選ぶこととなった。

リチャード・キンダーは一九九六年末にエンロンを去り、エンロンと競合することになるキンダー・モルガンという会社を作った。キンダーはそこで会長兼CEOとなり、エンロンのハードアセットを一部譲り受けることにも成功した。その一つが、エンロンが国際的に資産を取得して管理運用するために作った子会社であるエンロン・ガス・リキッズで、すでに株式を公開していた。キンダーはこの会社をモービル・オイルなど他の六社を入札で負かして落札し、取得した。キンダーはこの会社の取得に一番高い値段をつけたが、それはエンロンのそれぞれの資産の本当の価値のすべてを知り尽くしているからこそできた判断だった。

キンダーがエンロンの役員を退任する頃、エンロンの天然ガス・トレーディング事業は幼児期を終え、厳しい思春期へと育っていった。エンロンは、すでに天然ガスのマーケットを新しく創設して金を儲けやすい状況下のうちに儲ける、ということはやってしまっていた。同じようにお金を儲ける装置が稼働し続けるには、新しいチャンスが必要だった。

マーケットをうまく運営するには、オプションがマーケットで果たす役割について理解しておくことが重要である。マーケットがその参加者である買い手、売り手に提供できる最も重要なオプションの効果は流動性だ。つまり、自分のポジション（持ち高）を自由に増やしたり、減らしたりして調整できる点である（この点は第9章で詳しくみる。ロングターム・キャピタル・マネジメントはオプションの流動性の重要性を十分に理解していなかったため、破綻してしまった）。

ニューヨーク証券取引所やナスダックで活発に取引されている株式は流動性が十分あるという見本だ。そのような株式は、ほとんどいつでもその時の取引価格あるいはそれに近い価格帯で売買することができる。それもほんの数秒で約定される。このように即時でも取引が可能であるということは、それらの株式の価値が上がることになる。活発に取引されているマーケットがあること自体が、株式の持ち主に貴重な「流動性オプション」を提供することとなる。言い換えると、流動性のあるマーケットでは、買い手がたくさん参加しているため、自分が投資したものを容易に現金に換えることができる。一方、流動性のない（あるいは、より小さい）市場では、資産や投資対象を処分して現金にするにはもっと時間がかかる。つまり、株式市場はかなり流動性が高い、と定義できる。しかし、アンティークをオークションで売却したい場合でも、オークションの主催者が定例のオークションを開催するまで待たなくてはならないし、また、出品したアンティークの机を買いたいという客がいるかどうかも不明なため、流動性は低いのである。買う人が少ないために流動性が低いマーケットよりも、流動性の高いマーケットのほうが、自分の希望価格で約定できる可能性がずっと高い。

ジャンク・ボンドのための新規市場を創設したとき、マイケル・ミルケンにはこの原理が分かっていた。ミルケンは、ジャンク・ボンドの発行を手助けする仕事を始める前に、ジャンク債に格下げされた社債の流通市場を創設して金儲けをしていた。彼は一九八〇年代になって初めて自分の〝オリジナル発行〟のジャンク・ボンドを開発したが、そのときこの社債の流通市場が機能していたことで得をしたことが三つあった。第一は債券ビジネスの〝ブック（仲介者用の管理帳簿）〟を管理できたこと。これによって、合法的に使うことのできる貴重なマーケット情報が手に入り、自分の利益を最大化することができた。第二は、ほとんどの取引において、売買の仲介者として稼ぐことができたこと。第三は、このマーケットから彼がこんな方法で利益を得ていたとはほとんどわからなかったことだが、このマーケットの存在自体でジャンク・ボンドの価値が上がっていたこと。これにより発行額が増え、お陰でミルケンは莫大な引受手数料を手にすることができた。

流動性の提供者

天然ガス市場のマーケット・メーカー（値付け業者）のなかでトップの地位にあったエンロンは、流動性の提供者としてもまた同様に有利な位置につけていた。エンロンはマーケットを立ち上げる前にすでに、マーケットを新設すると流動性が増し、それによって天然ガスのコントラクトの価値がぐっと上がることを予期していた。エンロンが達成したもう一つの制度刷新であるコントラクトの標準化によっても、マーケットの流動性は増加した。新市場でお金を儲ける最良の方法は、極めて安い価格で天然ガスのコントラクトを買い集め、それを市場の準備が整ってから利益を確保しつつ売却する方法である。

エンロンは、資金的に困窮している天然ガスの生産者から、市場の立場をうまく利用して、ほとんど捨て値で天然ガスを買い集めていった。前記したとおり、この奸計《かんけい》を実施に移すにはアンドリュー・ファストウがSPE（特別目的事業体）を作る必要があった。つまり、このSPEは天然ガスを買い集める資金調達を担うことと、その痕跡をエンロンの会計帳簿には留めず簿外とするために必要だったのだ。エンロンは、リチャード・キンダーが役員として留まっていたときから、合法的なSPEの設立作戦を拡大していた。一九九三年になると、カリフォルニア州公務員退職年金基金（カルパース、CalPERS）と共同で、スターウォーズからヒントを得た名称の最初のSPEであるJEDIを作った。JEDIは〝Joint Energy Development Investments（共同エネルギー開発投資会社）〟の略だった。JEDIは、JEDIIができると、JEDIIに改称された。SPEへの参画をカルパースから得たことは、エンロンのバランスシートから危険部分を除外できただけでなく、エンロンへの新たな信頼も得ることとなった。カルパースは最大の公的年金基金であり、また最も大きな機関投資家の一つでもあったため、カルパースの承認は究極のお墨付きとなった。プロのファンド・マネジャーたちは損を承知でカルパースの仕事をしばしば引き受けていた。彼らはカルパースに選ばれたということで、他からの資金運用を受託するための〝窓開け〟につながることを知っていたからだ。そして、ジェフリー・スキリングの指揮の下、一九九七年には〝チューコ〟として知られた、物議を醸したSPEを設立したが、これもJEDIプログラムの拡張路線の一つだった。このチューコはエンロンをして、ますます怪しくなるSPE事業の危険な坂道を、滑らせてしまうのだった。

エンロンが実施していたオプションの値付け業務では十分な流動性がマーケット参加者に提供されたが、その他にも提供していたことがあった。天然ガスの供給や需要は、エンロンやマーケットのコントロールが及ばない要因によっても影響を受けたため、長期契約をする人たちは常に柔軟性のある契約を望んでいた。しかし、この柔軟性の確保にはオプション取引が必要であり、エンロンとの契約ではそのオプション取引が契約書の中に盛り込まれていたのだ。取引の中に組み込まれるオプションは、評価が難しかったが、しかしエンロンはウォールストリートから人材を引き抜き、天然ガスのマーケットで古くから取引をしていた業者よりも当初から有利な立場でこれらのオプションを評価することができた。しかし、いったんマーケットの仕組みができ上がると、他の業者も自分たちの力だけで、あるいはエンロンが切り捨てた人材を雇い入れて、これらのオプション評価方法に習熟していった。

エンロンの利益計画では、新規市場からの本格的な利益はその市場ができてから一年目あるいは二年目には計上できるようにする、というものだった。だが、生産者や消費者が、マーケットのメカニズムを理解するようになると、もっと巧みに取引をしてエンロンの利益を吸い取ってしまうことになる。さらには、他の企業は何の障害もなく自分たち独自の天然ガス・マーケットを作ることもできた。エンロンは自社マーケットの取引量を活発にしておくことで、優位な位置を自然とキープすることができた。天然ガスの特別な取引をしたい、と考えている売り手あるいは買い手は、エンロンを通せば容易に取引相手を見つけることができたのだ。ちょうど、アンティークを売りたいと思っている人がサザビーズやクリスティーズのようなオークションの大手では、買い手、売り手によって大量の取引が行われていることを知っていることと同じだった。エンロンはこのマーケットの取引で、業界用語でいう〝スプレッド（買値と売値の差額）〟を手数料として儲けていたのだった。つまり天然ガスの買い手と売り手を、彼らが市場に参入あるいは退出するときに捕まえ、鞘《さや》を取っていたのだ（スプレッドは価格に含まれた仲介手数料の一種だと考えると理解しやすい。エンロンは売買の後で手数料を上乗せするやり方をとらなかった。常にどんなコントラクトでも売却価格よりも下値で買っていたのだ）。

理想的な取引相手ではなかった

マーケットメーカーとして成功したように見えていたエンロンにも、実は弱みがあった。株式取引の場合は、取引所は取引の便宜を図るだけで、取引は買い手と売り手の間で直接行われる。そんな株式の売買とは異なり、エンロンのマーケットで成立した取引のすべては、エンロンが一方の相手方だった。エンロンはどの取引においても、法律用語でいう〝カウンターパーティー（契約相手、取引相手）〟となっていた。この取引で目立った利点は、かなり期先にガスの受渡日が設定されている買い契約をした客が、売り手が確実にその期日にガスを渡してくれるのかどうか心配しなくともよい点だ。ただ、その代わりに、そんなに大きな懸念ではなかったが、エンロン自体が約定どおりの履行ができるのかどうかという不安も多少はあった。

エンロンにとってこれらの取引を進めるうえでの最大の問題点は、莫大な負債の存在とその返済を担保するハードアセットがなかったという事実だ。ウォールストリートの基準からすると、あまり望ましい取引相手ではなかったのだ。エンロンは天然ガスのマーケット事業を始めるころまでにはジャンク・ボンドに格付けされる状態からは抜け出してはいたものの、投資対象としてはいつも最低のランクにいた。財務的に深刻な問題が発生すると（あるいは格付け機関がエンロンの経営状態に気づくと）、簡単にジャンクのポジションに落ちる状態だった。仮に投資適格ラインの下へ落とされれば、エンロンはマーケットメーカーとしての業務が継続できないし、そんな状況では、誰も契約の相手方として、エンロンが義務の履行をすることを信用してくれないであろう。実際、投資適格の格付けを得ていた場合でも、最低のランクの格付けではなかなか信用してもらえなかった。

金融のマーケットで取引の相手方となるウォールストリートの企業は、高い格付けが要求されていた。これはつまり、企業は特別な子会社を作り、その資本は親会社から隔離して分別管理をしておくことを意味した。エンロンには、健全な財務の会社を設立する資金がなかった。そのうえ、コントラクトによって発生する在庫を管理するための資金調達は、ますます斬新な（人によっては、公正ではないと評される）手法に頼るようになっていった。もし、値付け業務を続けるための資金を十分に調達できなかった場合は、ウォールストリートからの競争相手に屈していたに相違ない。また、エンロンはウォールストリートの同業者よりもデフォルト（債務の不履行）に陥る可能性が高いと、エンロンと取引をしている会社に見破られると、エンロンにとって事業を維持するためにはかなりの値引きが必要となり、そしてそのディスカウントによって利益が吹き飛ぶ恐れもあった。実際、利益率の逓減はエンロンの財政状態の窮状が表面化した二〇〇一年に加速されていった。

一九九七年、エンロンの問題が表面化する前、どうやらジェフリー・スキリングは自分の課題は開設した新規マーケットからの非経常的な収益を経常的な利益へと変えていくことだと考えたようだ。会計士から見ると、新規市場の操業開始によって流動性が増し、それによって資産価値も増大して、その資産から得た利益は非経常利益であった。そのため、この利益はエンロンの報告利益（米国一般会計原則＝ＧＡＡＰで定義されている利益の分類の一つ）には組み込めなかった。エンロンがそれらの利益を経常的に計上するためには、新規市場の創設自体を経常的な業務とすることが必要だった。

エンロンにとって新規マーケット創設の候補は、電力の卸市場だった。電力市場は天然ガス市場と酷似していたために、エンロンは自ずと有利な立場にいた。二つのマーケットとも対象のエネルギー源が広大なネットワークを流れ、工場に通じていた。また、カリフォルニア州のように大気汚染に厳しい州では、かなりの部分が天然ガスの燃焼によって発電されていた。電力市場はまた、各州それぞれに、規制の緩和が始まっていた。ただ電力の最大の問題点は天然ガスとは異なり、後で使うために貯蔵しておくということが不可能なことだった。だがエンロンはこの難問に立ち向かうことができた。それだけではなく、一時的ではあったが実際に発生した電力不足の際には、自社に有利なように電力を利用していた。

明らかにエンロンは電力に大いなる事業チャンスを認めた。一九九八年度のアニュアル・レポートには「エネルギーのフランチャイズ・ビジネスを強化します」と題したエンロンの事業展望が掲載されていた。次のような文章だ。

北米の電力料金は一九九八年年央に一時的ながら一メガワット／時当たり二〇ドルから

七、五〇〇ドルへと急騰しました。エンロンはこの事態に鑑《かんが》み、市場の需要に敏感に反応できる、新しくて柔軟な発電能力を追加することが不可欠だと判断しました。そこでエンロンはすぐさま一、二〇〇メガワットのピーク発電量のある発電所をミシシッピー州とテネシー州に建造することにしました。これらは一九九九年の夏には操業を開始する予定です。さらに、エンロンは最近、天然ガスの発電施設もいくつか取得しました。これらの発電所はニューヨーク市から一〇マイル以内にあり、一、〇〇〇メガワット以上の発電能力のある施設で、ここで発電される電力のほとんどは、同市へ直接供給されます。また、これらの発電所はエンロンの天然ガス事業においてはその供給体制をなお一層柔軟性に富んだものにしてくれますが、それに加え、北米の最もエネルギー消費量の多い地区のお客様に対して信頼の高い電力供給を可能としてくれます。

このアニュアル・レポートの最初の文章にある電力料金の大暴騰のことはさておき、エンロンが取得した天然ガスの発電所の件にはかなりのごまかしがあった。エンロンは、ニューヨーク市から一〇マイル以内にある合計一、〇〇〇メガワット以上の発電能力のある発電所を取得したというが、数字を控えめに言ったようだ。それはすべてがニューヨーク市から一〇マイル以内というのではなく、会社のプレスリリースによると、いくつかはニュージャージー州のキャムデンというところにあり、そこはニューヨーク市からは八〇マイルも離れている。しかし、この所在地についての説明不足も、エンロンが実は資金がなくこれらの発電所を正確には取得していなかった、という事実と比較すると霞《かす》んでしまう。取得の代わりに、アンドリュー・ファストウがSPEを作り出していたのだ。このSPEのことをファストウは雑誌「CFO」でこう自慢している。「我々は一五億ドル相当の設備を獲得しましたが、エンロンのバランスシート上は六、五〇〇万ドルの資産増加に留めることができました」エンロンは効率よく発電所設備の半分のみしか取得せず、負債はすべて隠した、というのが真相だった。

エンロンが直接的にあるいは間接的に発電施設の取得に動いたことは、自社の電力マーケットを創設するための布石だった。前述したとおり、エンロンが新しく電力マーケットを稼働させることによって電力売買のコントラクトの流動性が高まれば、そのような施設の価値は、一段と増大することとなる。

さらなる市場を求めて

エンロンは電力にとどまらなかった。排出権から金属、パルプ、紙、その他特殊な化学製品など産業用の商品に至るまで、取引可能なものなら何でも新しくマーケットを作った。エンロンはまた、天候をベースとしたスワップとオプションのコントラクトのマーケット作りにも参画した。それらのコントラクトによって、製造業あるいは農業の関係者は電力を購入するコストや作物に悪影響を与える気温の一時的な急変をヘッジすることができた。夏になると気温は急上昇し、冬は急下降するので、電力会社にも常に天候に対するヘッジの需要がある、とエンロンは考えたのだ。エンロンの関係者によると、このアイデアは気象関係の仕事をしていたジェフリー・スキリングのシカゴにいるトーマスという兄弟の提案だったという。しかし、気象庁の元のままのデータのように信頼が置けるものであったとしても、新規の市場に参入する売り手と買い手を惹きつけるほど魅力的な商品ではなかったし、また最初からそんな市場を作り上げること自体が難しいプロジェクトだった。

エンロンにとって、電力市場は大成功だった。しかし、その他の市場はそうとは限らなかった。特に、用紙の市場は――紙の生産には大量のエネルギーを消費するものだが――エネルギー市場とはかなり様子が異なっており、エンロンはマーケットを正常に機能させることにてこずった。

エンロンで本当の変革が起こったのはインターネットの有効性を見つけたときだった。エンロンの一九九八年度のアニュアル・レポートは自社を全米に君臨するエネルギー会社として描写しているが、二〇〇〇年に刊行された一九九九年度版になると〝ニューエコノミーのチャンピオン〟だと自己紹介している。つまり、他のドット・コム企業の息の根を止めてしまうドット・コム企業が出現したというのだ。もし、インターネット・バブルもそう長くは続かない、という兆しが出ていたとすれば、まさしくエンロンの参入こそがその兆しだったに違いない。このとき、エンロンだけではなく他の多くの企業がバンドウィドス（回線容量）のマーケットは夢の実現のように素晴しいものだと考えたし、インターネット関連の会社の株は暴騰に暴騰を重ねていた。バンドウィドス・マーケットのインフラはエンロンが天然ガス市場や電力市場で遭遇したものとは全く違っていたが、ジェフリー・スキリングは二〇〇〇年の遅くに、アナリストたちに向かってこのエンロンの夢について語った。彼は恥じ入ることなく、このバンドウィドス・マーケットがエンロンの次の大きな事業になるといい、これによってエンロンの株価は一二六ドルまで押し上げられるかもしれない、と述べた。

一二六ドルとは、スキリングはなんと大きく間違っていたことか。エンロンには二つの戦略があったがそれらは相矛盾していた。その一つは、エネルギー、通信、そして他に投資するという戦略だったが、これはエンロン自体がこれらの膨大な資金手当てのために、もっと大型の負債を背負う、ということを意味した。そしてもう一つの戦略——アセット・ライト——では、金融市場で取引相手と仕事をするために、財務内容などの信用力を上げておかなければならなかった。エンロンが採ったこれらの矛盾する戦略は——そして、説明責任を果たすというより隠蔽のための会計操作が――エンロンがそれまでに進めてきた企業としてのビジョンと衝突させる道へ、エンロンを追い込んでいったのだった。

第6章 エンロン、オンライン事業に乗り出す

二〇〇〇年度版アニュアル・レポートの冒頭「株主へのご挨拶」の欄で、エンロンは誇らしげにこう記している。

私たちはニューエコノミーの時代に入りました。この時代のルールは劇的に変わりました。私たちが保有しているものは、もはや以前と同じ重要性をもってはいません。エネルギーや通信などのように配管・配線でつながったビジネスは、知識をベースにした産業へと変わりました。この産業では創造性を重視します。エンロンはこれまで、類《たぐ》い希《まれ》な人材を得て、完璧な革新者でありました。そして、これからもそうあり続けます。物理的な資

産だけではなく、私たちの知性という資本が、私たちをエンロンらしくしてくれます。余分な資産を別の会社へ移してみますと、結果は際立って違ってきます。

この株主への挨拶はこの文章の後、エンロンがその年度に開始したインターネット関連のベンチャー、および処分したハードアセットについて詳しく述べていく。

ジェフリー・スキリングの資産圧縮戦略は、時代の先端を行く（文字どおりの最先端、というほどでもなかったが）もので、エンロンは究極のインターネット事業会社へと変貌しつつあった。当時、投資対象としてこの業種の企業はまだ少ない時代だった。ニューエコノミーというコンセプトはエンロンが自社を位置付けるとき、かなり意味深い影響を与えた。CEOのジェフリー・スキリングは、自分の車のナンバープレート（〝バニティー・ライセンス・プレート〟、好きな文字を入れられる）に、WLEC（〝World's Largest Energy Company〟、世界最大のエネルギー会社）と入れていたが、新しくWMM（〝We Make Markets〟、我々がマーケットを作る）というものと取り換えたほどだった。

インターネットのブームを起こすこととなる最初の重大な転換点は、一九九五年八月に実施されたネットスケープのIPO（株式公開）だった。ネットスケープは最初の商用ウェブブラウザーを開発した会社である（その前にモザイクというブラウザーも開発されていたが、これは非商用で、ネットスケープの共同創立者マーク・アンドリーセンがイリノイ大学のスーパーコンピューティング応用センターで開発したものだった)。ネットスケープはマーケットでの存在感と認知度を上げるため、ブラウザーはインターネット経由で、無料で配布された。ただし、営利目的の場合は有償ライセンスを購入してもらった。大企業は年一度の支払いで、自社のどのコンピュータからでもネットスケープ・ソフトを使うことのできるサイト・ライセンス契約をしたものだった。このライセンスからの収入がネットスケープに入ったが、会社の製品を開発し、販売するコストをカバーするにはほど遠かった。

ネットスケープのＩＰＯがその他の先行した大量のＩＰＯと異なる点は、単にネットスケープがＩＰＯ時点で赤字であった、という点にとどまらず、いつ黒字になるのかさえ見えていない点だった。通常、公開される会社は利益を出していなければならず、また、その利益水準の維持が可能であると合理的に期待ができなければならない。したがって、利益が十分に出せるようになるまでは、ベンチャー・キャピタルやそのほか個人のお金をあてにした資金調達をしなければならないのである。ネットスケープのＩＰＯは驚異的な成功であり、公開直後に株価は急上昇した。ベンチャー・キャピタルや投資銀行はネットスケープのような成功例を可能な限り何度でも再現すべく、出資先の会社を早め早めに公開させた。そして、そんな未発達企業でも株価は急騰していったのだ。明らかに中途半端なビジネスモデルしかないような会社を、一夜にして何十億ドルという評価益に換えることができたこと自体、ニューエコノミーのすべてが良いことばかりではなくどこかが変だ、という警鐘だったといえよう。

オールド・エコノミー的手法による株式の評価方法は、ある企業がその存続期間において稼ぐと予想される利益をベースにしたものだった。このような予想利益（あるいは配当やキャッシュ・フローなど、関連する収益性の評価尺度）は、次に、どれだけの期間の予想なのか、そもそもその実現性はいかほどなのか、といったことが加味され、調整された。このような基礎的な株式評価手法は、ベンジャミン・グレアムやデビッド・ドッドらによって開発され、ウォレン・バフェットらのような投資家が有名にした。この評価法は、株式購入に費やした資金はある一定期間が経過した後金利をつけて、買った人に返すべきなのだという前提に立っていた。

インターネットはまだ始動したばかりだったため、インターネットの事業会社が利益を出せるようになるのはいつなのか、利益はどの程度なのか、いつまで持続できるのか、などを予想するのは不可能だった。ニューエコノミーにおいては、アイデアが重要なのであり、したがって将来の利益ではなく、そのアイデアが株価を決定する際の評価対象となっていた。アナリストたちは、企業の利益はしばらく認められないために、現在の売上高を指標として採用し株価の根拠づけをした。しかし、インターネット・バブルがさらに続くと、この方法も、もっとポピュラーなインターネットのサポーターたちによって放棄されてしまった。マーケットに参入したインターネットの関連企業のなかでも実は極めて少ない企業だけしか利益を出したことがないのに、まるでその一つひとつの企業が次のマイクロソフトのように大きく成長するかのごとく評価されているということは、最も期待を裏切られた投資家でも気がついていたことだった。まるで、みんなが宝くじを買ったがその価格があまりにも高かったため、一等の当たりくじでも元手をとてもカバーできなかった、という状況であった。

夢のように素晴らしい会社

エンロンはどこから見ても夢のように素晴らしい会社に見えていた。十分な利益と売り上げがあったばかりでなく、同時にそれらは拡大しているように見えた。そして、偶然そうなったのかもしれないが、ニューエコノミーで脚光を浴びていた二つの事業分野で存在感を誇示していた。一つはB2B（ビジネス・トゥ・ビジネス）のエレクトロニック・コマースの分野であり、もう一つはブロードバンド通信の分野だった。エンロンの利益も売り上げも実はまったく実体の伴わないものであるという事実が、後になって判明するというのに、インターネット関連のマーケットを駆り立てていた当時の異常なまでの熱気は、一部の批判的なアナリストを除いた多くの人々の目をくらませていた。大手の投資銀行に所属するアナリストたちが、もっと注意深くエンロンの財務状態を調査しなかった理由は、エンロンには途切れることなく——自社とSPEの両方のための——資金需要があったことだった。つまり、投資銀行は引受手数料が稼げたからだ。エンロンを衆人環視の状況で、疑いの目で調査するということはその手数料をふいにするし、自分の職を失うかもしれない危険にさらすことだった。実際、UBSペインウェバーのアナリスト、チャン・ウーはこんな警告を書いたe-メールを七三名のクライアントに送信していた。「エンロンの財政状態は悪化しています……今は運用の資金をエンロン株から外しておくことを推奨します……もし決定が遅れると、取り返しのつかないことになるかもしれません。」エンロンがそのメールのコピーを入手すると、チャン・ウーの上司は次のような訂正を送信することとなった。「私はここで、チャン・ウーのメールを撤回します……UBSペインウェバーはこの（エンロン）株を強く買い推奨します。」チャン・ウーは即日解雇された。理由は「通信に関する会社の規則に違反したため」だった。このUBSペインウェバーによると、一〇人以上にメールを出す場合は会社の許可が必要だった、という。

利益を出している希《まれ》なインターネット企業、として認知されていたエンロンは、その評価に縛られる面もあった。エンロンは自社株を〝超〟のつく高株価に維持するためには、売り上げ、利益ともに、成長させていかなければならなかった。当時、一株当たりの利益が予想よりたった数パーセント低かったために、発表と同時に株価が半分、あるいはそれ以下へ急落する事態は普通に見られるようになっていた。企業側も利益予想を抑え気味に操作して、市場の期待に沿うようにしていたので、ウォールストリートは会社予想よりもさらにもっと高い利益水準を暗黙のコンセンサスとするようになっていた。そしてこの高い利益水準に応えられなかった企業は、利益がアナリストの予想を超えていたとしても、マーケットの制裁を受けることとなった。予想数値を出せなかったとなると、エンロンでは一大事となった。エンロンの大勢の幹部たちの財産が株価と密接に繋がっていただけではなく、会社自体の存続も株価にかかっていたからだ。エンロンは、麻薬中毒者が次の注射液を手に入れるためには何でもするように、会社を成長させることに熱中していた。

エンロンが株式市場で気に入られるためには、どんなことをしなければならなかったかは次の章で記述する。ただ、その前に、エンロンがインターネットで成功したかもしれない事業——エンロン・オンライン——をもう少し詳しく検討しておきたい（確かなことを言うにはまだ時期尚早であろうが）。エンロンのインターネット事業は、ジェフリー・スキリングの総合経営計画の中に入っていなかった点で、注目に値する。この事業は予期せぬ技術刷新の落とし子だったが、エンロンの企業体質をもってすれば事業化が可能だった。実際、スキリングは当初インターネット事業には反対し、また一時期、セキュリティー上の理由でエンロン従業員のインターネット使用を禁じたこともあったので、エンロン・オンラインの開発者は完成間近までスキリングに知られないようにしていたのだった。

スイッチを入れろ!

エンロン・オンラインはルイーズ・キッチンが考えたものとされている。キッチンはエンロンの欧州ガス・トレーディング部門のトップだったが、エンロンの経営組織のヒエラルキーのなかでは、比較的高いポストではあったもののトップからはほど遠い職位だった。キッチンは、自ら率先して、重役からの介入を一切受けずに、たった七か月でこのプロジェクトの構想とその具体化までを監督し、エンロン・オンラインを立ち上げたのである。このプロジェクトは他のプロジェクトから借りてきた合計三八〇人のプログラマー、トレーダー、マネジャーを要し、彼らの多くは一日中働いた。同様に、コンピュータのハード自体もエンロン・オンラインのプログラムをインストールし、稼働させるために、他の部署から借りてきたものだった。他の会社でこんなことをしていたら、十分に解雇の理由となっただろう。だが、エンロンではエンロン・オンラインの開発を率先して担当したとしてメンバーにたっぷりと報酬を積み、ルイーズ・キッチンにはエンロン・オンラインの社長を命じたのだった。

エンロン・オンラインが正式にスタートしたのは一九九九年一一月だった。その後、急速に規模を拡大し、二〇〇〇年二月には一日約一、〇〇〇件、契約高にして四億五、〇〇〇万ドルの約定を成立させていた。そして、二〇〇一年の七月にはさらに大きくなり、一日五、〇〇〇件、三〇億ドルの契約高へと膨らんでいた。トレーダーとの直接のやり取りが必要だった経費のかかる相対《あいたい》での売買手法から、インターネットを通じたオンライン手法へ移行したことで、エンロンは経費を大幅に節減することができた。だが、それ以上のメリットはパブリック・リレーションの面で大成功だったことだ。エンロンは〝インターネットで最も成功した企業〟というイメージができ上がった。また、フォーチュン誌が一九九六年から二〇〇一年まで連続六年間、全米で最も革新的な会社としてエンロンを選んでいたが、その理由の一つにもなっていた。

　エンロン・オンラインの基本的な仕組みは図6－1で説明されている。この仕組みを稼働させたことにより、エンロンは自社が標準化したコントラクトのトレーディングをクリックとポインターだけでできる簡便なものにした。

　エンロン・オンラインが創業されることとなった背景には、エンロンの社内に起業家らしい、自立・自治の精神があった。それは〝エンロンの強み〟であり、経営関係のメディアは好んで書き立てていた。新規事業、あるいは業務処理の新手法がある場合はどうするか？　そんな場合は、実施価値ありとしたら、それを自分で監督する覚悟で臨むこと、というわけだ。社内で実施するアナリスト・トレーニング・プログラムにおいても、社員は六か月ごとにその知的関

図6－1　エンロン・オンライン

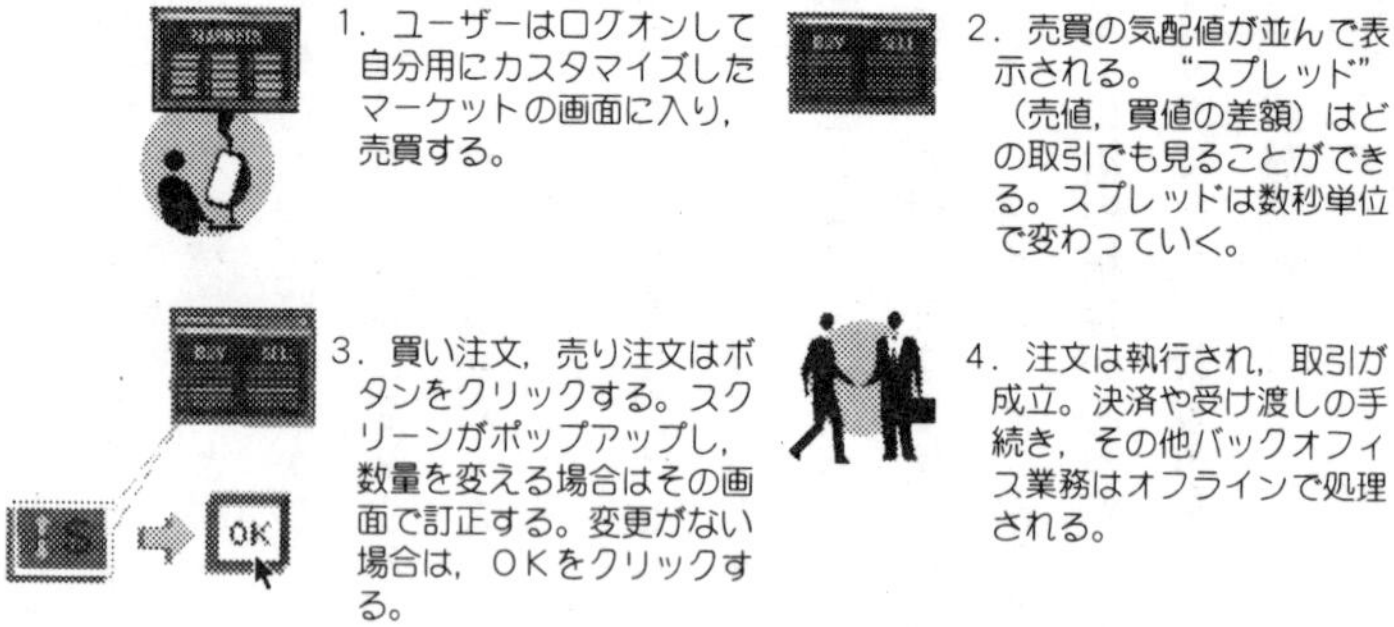
1．ユーザーはログオンして自分用にカスタマイズしたマーケットの画面に入り，売買する。
2．売買の気配値が並んで表示される。“スプレッド”（売値，買値の差額）はどの取引でも見ることができる。スプレッドは数秒単位で変わっていく。
3．買い注文，売り注文はボタンをクリックする。スクリーンがポップアップし，数量を変える場合はその画面で訂正する。変更がない場合は，ＯＫをクリックする。
OK
4．注文は執行され，取引が成立。決済や受け渡しの手続き，その他バックオフィス業務はオフラインで処理される。

出典：グローバル・チェンジ・アソシエイツ

心度がチェックされた。担当の役員は、絶え間なく新しい任務に就かされていた。そして、インターネットの立ち上げ時期でもあったため、年齢的に若手でも極めて責任の重いポジションを任された。

エンロン・オンラインは話題こそいろいろと提供したものの、エンロン本体に対する貢献度は疑う余地もなく低かった。後に述べるが、エンロンが取り扱っていたほとんどの取引からの利益を、このエンロン・オンラインが減らしてしまったようである。もともとのビジネスによる利益は、ウォールストリートの期待に応えるための利益だった。そこでエンロンは、短期的には、エンロン・オンラインが招いた利益率の悪化を、そのオンライン取引の取扱高の増加によってカバーすることにした。しかし、長い目で見れば、利益率は悪化傾向にあり、出来高の増加にも限度があり、いずれカバーしきれなくなると考えられた。一方、著名なところではザ・ウィリアムズ・カンパニーといったエンロンの競合会社も、エンロンの後を追ってすぐに自社のオンライン・トレーディングのシステムを作り、エンロンの利益を蚕食《さんしょく》するという事態となったが、これらの競争相手がオンライン・トレーディングのシステムを初めから自力で作ったかどうかは疑わしかった。

変わる環境

エンロン・オンラインはエンロンのビジネスが根本的に転換していることを示した。エンロンのトレーディングシステムは、ウォールストリートでも最も儲かっているシステムをまねて導入された。今でも、社債やその他金融商品の本当の価格はインターネットで表示されていない（表示されている場合、あるいは顧客にファクスで知らされる価格は、ごく少量を対象にした場合の価格で、そんな場合でも価格は事前の通知なく変更される）。その代わり、取引は電話を使った古くさい手法で実行されている。つまり、電話をかけてきた客が買い手なのか売り手なのかをブローカーは判別し、次いでその客が注文を出すために必要な価格のみを教えるのである。たとえば、買い手には、オファー（売値）のみを教え、売り手にはビッド（買値）のみを教える。このように、価格を自分たちだけに留めておくことによって、ディーラーはマーケットに相場をオープンすることなく、売値と買値の気配値の差を拡大させることができるのである。こんな市場で商売をするブローカーは、顧客へのちょっとしたサービスとして、通常は手数料をチャージしないのが普通だ。スプレッド（売値と買値の差。利ざや）が大きくなると、手数料収入などは僅かな収益として霞《かす》んでしまうからだ。このような仕組みだと、売り買いともに気配値が公開されている株式市場と比べ、債券市場は流動性が小さくなり――したがって、市場としての価値も小さくなり――健全性を損なう恐れがある。それでも、ウォールストリートとその顧客にとってはこの仕組みが自分たちのニーズに合致していた。そのため、インターネットを通じた債券市場はなかなか利用されるに至らなかったのである。

エンロンは自社の業務をオンラインに移行していったが、その過程ではアメリトレードといった典型的なオンライン証券会社とは異なり、スプレッドを犠牲にして、かつ、手数料も取らないというやり方を展開した。また、エンロンはこれらの取引ではすべて、一方の相手方となった。つまり、エンロン・オンラインに表示される売買の気配値を出しているのはエンロンだったのだ。エンロンが自社の強みだったエネルギーの取引だけに専念していればこのやり方はうまく機能していたのかもしれない。だが、エンロンは何十もの市場に上場されている一、八〇〇項目に上る商品について、自社のマーケットでも取引できる仕組みを作り上げていた（図6－2）。しかし、エンロンは市場の仲介者でありながら、伝統的な金融・商品の市場とは関わ

図6－2　エンロン・オンラインでの取り扱い

13通貨，1,800商品の取引の一例

商品の種類

- アメリカ天然ガス
- アメリカ電力
- カナダ天然ガス
- 英国天然ガス
- 石油、石油精製品
- ドイツ電力
- 欧州石炭
- スカンジナビア電力
- アメリカ金属
- 液化天然ガス
- アメリカ天候
- 国際石炭
- 排ガス排出権
- アジア原油および石油製品
- オーストリア電力
- オランダ電力
- スイス電力
- バンドウィドス
- 石油化学製品
- 信用デリバティブズ
- オーストラリア電力
- 海上輸送
- スペイン電力
- 欧州天候
- オーストラリア、日本天候
- ベルギー天然ガス
- 日本アルミニウム
- パルプと用紙
- 樹脂
- アルゼンチン天然ガス

競　売

- 排ガス排出権（アメリカ）
- enBank（イギリス）
- パイプライン輸送力

オプション

- 欧州大陸電力
- スカンジナビア電力
- 核発電機能
- ノックイン・コールオプション

出典：エンロン／グローバル・チェンジ・アソシエイツ

らないようにしていた。それらの市場は証券取引委員会（SEC）か商品先物取引委員会（CFTC）の監督下にあったためだった。エンロンは政治献金を通じて得た政治的な影響力を行使して、自分が参入したマーケットが当局の監督下に入らないように図っていたのだ。

何のための拡大だったのか？

このようなエンロンの拡張主義が、自社がほとんど専門的なノウハウをもたない未知のマーケットへも平気で参入していく傾向を助長していった。マーケット・メーカー（マーケットで値段をつける業者）として成功する際の最も重要なことは、自分の取引相手よりもたくさんの知識を身につけていることである。エンロンはあちこちの新規市場へ急激に参入していった。だが、エンロンがそれらの未知の市場で喜んで取引をすることは、もっと商売の裏事情に長けている人たちの餌食になってしまうということを意味していた。

エンロン・オンラインが利益面でエンロン本体へどれだけの貢献をしていたのかは定かではなかったが、エンロン本体の売り上げを喰ってしまったことは間違いなかった（エンロンは決算書類でこれらの数字の構成比率を開示していなかった）。インターネットがブームとなったとき、ウォールストリートのアナリストたちの関心は、この点に集中していた。売り上げは一九九九年（四〇〇億ドル）から二〇〇〇年（一、〇〇〇億ドル）には二・五倍へと急膨張したが、このほとんどはエネルギー取引の取扱高を売り上げとして計算する手法のお陰で膨れ上がっていたのだ。仮に投資銀行が証券を買いそして売却すれば、その差額のみが売り上げとして計上される。ところがエネルギー関連の商品は会計の処理上、金融商品に分類されないので、価格全体が売り上げとしてカウントされるのである。その他の不当に膨らませた売り上げと合算して、合法的に膨れ上がった売り上げは、エンロンを「フォーチュン五〇〇社」の二〇〇二年度売上高全米第五位（二〇〇一年度売り上げ基準）に押し上げてしまった。しかし、エンロンが経営破綻を明らかにしたので、その頃にはこれは問題とならなかった。エンロン・オンラインはエンロン破綻後、再生を賭けてリストラを実施する際に真っ先に処分される対象だった。こうしてエンロン・オンラインは世界最強の金融機関の一つ、UBSウォーバーグに購入されたがそれは当然の成り行きであった。UBSウォーバーグはスイスのメガバンク、UBS AGに所属しており、エンロンの投資適格すれすれの格付けとは異なり、高格付けの金融機関だった。UBSは「グローバル・ファイナンス」という雑誌の年間調査でも、世界の十指に入る安全な銀行であり、取引相手としても敬意をもって選ばれる銀行だった。ルイーズ・キッチンは彼女のたくさんの部下たちとともに、エンロン・オンラインの売却交渉のパッケージに含まれていた。

エンロン・オンラインは新しいホームグラウンドへ移ったためにその信用は増した。だが、それは即、将来の成功を保証するものではなかった。よく言われるように、パイオニアかどうかは背中に受けた矢でわかる（後から追いかけてくる者が先駆者の背中を後ろから矢で射る）。ネットスケープ、ロータス、ワードパーフェクト、ノベルはパイオニアだったにもかかわらず、興隆を見なかった（これらの企業は結局マイクロソフトの攻勢に屈してしまった）。同様に、エンロン・オンラインも将来は熾烈な競争に遭遇することになろう。たとえば、今、カリフォルニア工科大学、ハーバード大学、カーネギー・メロン大学、アリゾナ大学、ジョージ・メーソン大学、その他主要大学の超一流研究所では経済学者が新世代〝スマート・マーケット〞の開発にしのぎを削っている。この市場はエンロン・オンラインの得意分野であるエネルギー関連の生産および輸送の市場なのだ。スマート・マーケットは最良の取引を約定する前に、可能性のある取引の組み合わせを何十億通りもシステマティックに精査できる、ディール・メーカーとしての機能を持つ。すでにＦＣＣ（米連邦通信委員会）では、議会からの委任を受けて、携帯電話事業の免許についてスマート・マーケットを使った競売を実施し、交付先を選定している。また、ＩＢＭやヒューレット・パッカードを含め、このプログラム開発はいくつか技術のある企業も実施中だ。マイクロソフトがこの新分野で何を目論んでいるのか、おおよそ想像がつこう。

崩壊するニューエコノミー

エンロン・オンラインは表面的には、成功そのもののように見えた。だが、エンロンが注目されつつ進出したニューエコノミーのもう一つの部門への進出は、どうにもしようのない惨敗だった。それはエンロンがブロードバンド通信と取り組んだベンチャーの大失敗のことである。エンロンはこれまで手がけてきたエネルギーのマーケットでは、あまり活力のない競争相手が畏怖《いふ》の念をもってエンロンの快挙を眺め、妬み、結局追いかけるしかないと判断しているうちに、市場に君臨する立場となった。しかし、ブロードバンド通信のビジネスでは、光ファイバーが消防用のホースのごとく作用し、音声とデータを水のごとくほとばしらせているため、誰もがパーティー会場に早めに駆けつけなければならなかった。そして、みんなが一度に集まったため、ビジネス上のおいしいところはすぐにむさぼられてしまったのだ。エンロンもブロードバンド・ビジネスでは競争に直面しなければならなかったことを考慮すると、二〇〇〇年になって業績不振に苦しむ同業者と運命を共にすることを避けるには、神業を使うしかなかったのだろう。

第7章 高い代償のブロードバンド

一昔前、ジョゼフ・ヘラーは有名な小説「キャッチ-22」の中で、酋長ホワイト・ハルフォートの信じられないような物語を描いている。酋長は自分の家族全員は、石油を惹きつける超能力が備わっていると公言していた。実に、彼らはすみかをどこに移しても、彼らのテントの下から、必ず石油が発見されたのである。だが、やがて、この超能力が一家にとっては災難として降りかかることとなった。どこへ行っても地質学者と、石油屋に取り囲まれていたのだ。そして、とうとう最後には酋長一人だけが生き残った。生き残ることができたのは、酋長が兵役に召集され、欧州の戦線に送られていたからだった。

ヘラーはこの物語を、人生によくある不条理な話の一例として取り上げている。どうすることもできない状態を「キャッチ－22」と称しているのだ。たとえば、空爆に参加するパイロットがその任務を逃れる唯一の方法は、精神に異常をきたしたと申告することだが、申告すること自体が正常の証明となってしまう（″キャッチ－22″は米軍の規則の条項名）。エンロンも成功するが実はそれ自体が将来の失敗の種を蒔くこととなり、まさに「キャッチ－22」状態なのだ。優良企業でさえ時には経営の失敗を経験し、なんとか乗り越えなければならないことがままあるのに、エンロンには最も必要なタイミングで最も必要な対策を採る技量がなかった。

ジェフリー・スキリングはエンロンが天然ガスと電力卸売りの市場では敵なしの支配力を獲得できることを確信していた。だが、彼はまた競争相手はやがてはエンロンに追いつき、エンロンも今後は本格的な競争に巻き込まれることを予想していた。スキリングの机には、″ＩＲＩＳ″と刻まれた楯が置いてあった。ＩＲＩＳは「最初みんなはあなたを″Ignore（無視）″するが、次には″Ridicule（あざけり）″して、そして″Imitate（真似を）″して、最後にはあなたから″Steal（盗み）″だすのだ」の頭字語だった。

ブロードバンド通信のマーケットを創設しようとしていたエンロンの前に立ちはだかった熾烈な競争は同業者間だけではなかった。つまり、競争相手はインターネット・マニアを相手に一儲けを企んだいくつかのエネルギー産業の関連企業だったが、そのほか、エンロンがトレードに含めようと計画していたブロードバンド通信の応用商品を開発していた会社との競争もあった。そんな会社として最も知られていたのが、今は倒産してしまったグローバル・クロッシングだった。エンロンは前に創設したマーケットと同様、新規のマーケットがその価値を増大してくれるものと信じて、ブロードバンド通信のマーケット作りでもハードアセットの取得から入っていった。ただ、今回は様相が少々違っていた。というのも、あまりにもたくさんの人たちが同じゲームをしていたからだ。そのなかにはエンロンが融資を受けていた同じ投資銀行から大量の資金を調達していた通信企業も何社か入っていた。

インターネットの高速化はブロードバンドの技術が鍵であったため、ブロードバンド通信はウォールストリートでもてはやされることになった。ほとんどの家庭が比較的遅いスピードのダイアルアップ接続でインターネットに繋げている状態でさえ大変な進歩だ、と言われたぐらいだったから、だれでも高速で繋げられる状況は、その何倍も素晴らしいことだと考えられた。以前は高速通信ができるのは、企業に限られていた。企業は〝太い線（ブロードバンド）〟を使える代償として高い月間使用料金を負担していた。

だが、ブロードバンドへ移行するにあたっての最大の問題は、現在の通信線等のインフラストラクチャーでは、高速通信に対応できないことだった。現行の電話線網は特に問題を含んでいた。というのも、ブロードバンドを可能にするＤＳＬ（Direct Subscriber Line）は、グリッチ（ノイズ）が発生しやすかったからだ。

どの家庭もブロードバンドで繋ぐという構想には大きな課題がつきまとっていた。つまり、都市間を繋ぐ情報ハイウェーの幹線の容量を増強することが不可欠だったのだ。イーサネットを考案したロバート・メトカーフを含め、コンピュータ産業の神様たちは、何年もの間、インターネットの利用が急増してネットワーク全体が大渋滞を起こして、使用不可能となってしまうと予言してきた。コンピュータ・ウイルスによってコンピュータ・ネットワークが一部使用不能となる場合はあるが、今のところ、能力の増強が次々と付け足され、全体的な使用不可能の状態は発生していない。もし、全家庭をブロードバンドで繋ぐようにするには、現在の通信網のほとんどに使われている銅線ネットワーク（電話線網）は、光ファイバーのケーブルと取り換えなければならなくなる。

光ファイバーは高純度のガラス製の管で、銅製の電話線よりも細い。光をパルス状にして利用するため、一度に一〇〇万件の対話を送受信することが可能だ。光ファイバーはまさしく革命的商品だと評しても過言ではない。これまで光ファイバー・ケーブルの構築に携わってきた企業にとっては、あまりにも革命的過ぎて、今後のビジネスに支障が出るかもしれないほどだ。

ブロードバンドが直面している問題は、アメリカの通信会社キューウェストがテレビのコマーシャルで展開したキャンペーンが最もよく提議している。このテレビCFは、〝光に乗って〟というこの企業のマークがSF小説や映画〝K－PAX〟から取り込んできたようで、まるで朝食のシリアルのコマーシャルのようだが、この会社自体はブロードバンド通信産業の旗手なのだ。同社のコマーシャルはシリーズとなっており、ある旅人が〝どこか遠くの町〟で、レストランかホテルに入る。そんな辺鄙《へんぴ》な場所でも、過去に作られたどんな歌でも、またどんな映画でも、光ファイバーの魔術により、瞬時にして聴いたり観たりできるのだ。だが、これらのCFは、明らかにある問題を覆い隠している。つまり、キューウェストもブロードバンドの会社も映画や娯楽といった膨大な知的財産について、それらを使用する権利を取得していない点である。何千というそれらの知的財産権の所有者は、キューウェストが妥当だと考える価格では一緒に〝光に乗りたくはない〟かもしれない。要するに、光ファイバーによるブロードバンドが直面する問題とは、そんなことだ。光ファイバーはインターネットの能力を飛躍的に高めることとなろう。だが、その光ファイバーの中を走り回る新しいコンテンツがない、となると全くの無用の長物となる。だからバンドウィドスのマーケットは難しいのだ。

キラー・アップ（素晴らしいアプリケーション）

二〇〇〇年がスタートし、Y2K問題も徐々にその影が薄れていくと、ナップスターという〝キラー・アップ（アプリケーション）〟によってインターネット利用が増加し始めた。ナップスターは世界中の何百万というパソコンに常駐するプログラムで、ファイルを交換するサービスだ。ナップスターのユーザーは自分のパソコンのなかのファイルを他のユーザーと共有することに同意してアクセスすることを許し、代わりに他のユーザーのパソコンに入り込んでいってそのファイルを共有する。このように一人ひとりがナップスターの提供するネットワークで繋げられた状況は、〝ピア・トゥ・ピア〟ネットワークとなっている（〝ピア〟は〝仲間〟の意。お互いにサーバーになったり、クライアントになったりする）。

ナップスターで交換される最も人気のあるファイルはCDから直接コピーされたもので、それらはほんの数メガに圧縮されていた（どんな機器を使用するかといったことと、圧縮がどの程度巧みに行われたかによって、質の劣化はほとんど認められないものから、ひどいものまで、さまざまだった）。ダウンロードする場合、ダイアルアップの接続では一時間もかかるものが、ブロードバンドの場合は適切に接続されていれば、数秒間に短縮できた。ナップスターはブロードバンドへの接続需要を喚起しただけではなく、主要な幹線では音楽が州を越え、国境を越えて飛び交い、インターネットのトラフィック（交信量）も一段と増加することとなった。インターネットでの交信が盛んになり始めると、光ファイバー・ケーブル網の構築のために、何十億ドルという資金がウォールストリートで調達されるようになった。ほとんどが超低金利の調達だった。

そして、今度は知的財産権の問題が浮上してきた。米国の著作権法では自分の装置でファイルのトランスファー（送信）をする限りにおいては著作権の侵害はないと、ナップスターの創立者たちは解釈していた。書籍やＣＤ、ビデオテープを自由に他人に貸すことができることと同じだ、と考えたのだ。しかし、レコード産業はナップスターのように考えなかった。そして、裁判所もレコード産業と同じ見解だった。二〇〇〇年の七月になると、裁判所の差し止め命令がナップスターの操業を停止させた。だが、それはインターネットの交信量をほんの少し減らすのみだった。というのも、ファイルを交換していた者はインターネットのその他の手段でも音楽ファイルを入手することができたからだ。しかし、インターネットでは規制が難しいという事実は、ある疑問をますます強めた。つまり、大きなバンドウィドスを使うインターネットのキラー・アップ、ＶＯＤ（ビデオ・オン・デマンド）の普及は今後うまくいくのだろうか、という疑問だった。エンロンはインターネットによるＶＯＤサービスについても、先行している企業の一社だった。ナップスターに対して裁判所の差し止め命令が出される数日前にエンロンはブロックバスターというビデオレンタルの最大手と二〇年間にわたる契約に署名したばかりだった。契約は、ブロックバスターが映画のビデオを、ＶＯＤのテクノロジーを使い、エンロンの光ファイバー網を経由して、ネット上で〝貸し出す〟という内容だった。エンロンはこのビジネスに「エンロン・インテリジェント・ネットワーク」という控えめな名称をつけた。ところが、ブロックバスターが新事業の継続に必要な権利を確保できないとエンロンが判断したため、この取引は早々に挫折してしまった。

エンロンとキューウェスト

ハリウッドの関係者に、インターネット上での映画配給にも同意させる――特にナップスターが音楽で失敗した後だけに――これがいかに困難なことなのか、エンロンとキューウェストのどちらかが少しでも想像することができていたならば、もっとお互いは必要とし合っていたことだろう。エンロンが開発したブロードバンドのマーケットでは、企業がバンドウィドスの取引をすることができた。バンドウィドスの取引とは、光ファイバー・ケーブルの一定の通信能力をある一定期間使用できる権利の取引である。このマーケットは完全な失敗だった。エンロン自体の収支でも数百万ドルの赤字が計上されていた。だが、表面的にはマーケットは稼働しているように見えていた。毎月、何百という取引が成立していたのである。しかし、それはエンロン自体が、マーケットの流動性を演出していたのだ。全容はまだ明らかになっていないが、エンロンのブロードバンドのマーケットを経由した取引は、すべてがエンロンの売り上げを膨らませる役目に使われたと推測される。二〇〇二年三月二九日、ニューヨーク・タイムズはキューウェストがエンロンとの取引において、仮装取引をしたのではないかという嫌疑により、アメリカ証券取引委員会の調査を受けていると報じた。

ブロードバンド・マーケットについてのエンロン疑惑は、単にマーケットの魅力を増すために実際より規模を大きく見せていた、というだけではなかったようだ。ＳＥＣが特に関心を寄せているのは二〇〇一年の第３四半期の終了直前に実施された、エンロンとキューウェストとの間の五〇〇〇万ドルのスワップ取引だ。

仮装取引の仕組みは極めて単純だ。たとえば、友人と自分がそれぞれ別々に骨董屋を営んでいるとする。年度の終わりになって、二人とも赤字になりそうになったが、家人には経営状態を知られたくなかった。そこで、二人とも年度の初めに五〇〇〇ドルで仕入れたシェーカー社製家具が今では二、五〇〇〇ドルへと価値が増大したと認め合うことにした。これらの家具を単純にスワップすることにより、お互いに二、〇〇〇ドルを儲けたように見せるのだ。二人とも五〇〇ドルで仕入れたものを二、五〇〇ドルで売却したことにした。だが、第三者が誰もこれらの家具を二、五〇〇ドルで買わなかった場合（いや、二五〇ドルでも買う人は現れないかもしれないが）、二人とも実際はお金を儲けていないという点が問題となる（もっと悪いことに、〝利益〟は会計上存在するだけで、取引ではキャッシュが発生したわけではない）。

エンロンとキューウェストは、規模こそ違うが、素早く利益を膨らませた粉飾数字を金融マーケットに提示するために、基本的にこのような「花見酒」のような仕組みを利用していたのではないか、との疑いがかかっている。二〇〇一年三月二九日付のニューヨーク・タイムズで、キューウェストのスポークスマンはこう述べる——会社は「ネットワークの権利以上のものをエンロンから買っていた。電力の供給装置、ネットワーク用の予備の導管、エンロンの敷地内の倉庫利用権などだ」。また、同紙によると、スポークスマンはキューウェストがどのように取引の一部始終に値段をつけたのかについては言及を避けたが、「自分たちが買った物品について払った額は、マーケットの公正な値段だったと信じている」と述べている。この点についてはエンロンも明言を避けた。

しかし、これら多くの謎を抱えたエンロンによるごまかしも、この会社の金融疑惑という氷山のほんの一角にすぎない。ブロードバンド事業に参入していったというのはエンロンにとっては、資産圧縮戦略から遠のくことだった。たくさんの電話会社が支配しているマーケットでプレーヤーとなるには、何十億ドルという資金が必要だった。エンロンはこの資金をSPE経由で調達していた。

エンロンの株価については興味深いこともあった。インターネット・バブルが弾け、ナスダックの株価総合指数が二〇〇〇年三月の五、〇〇〇ポイントから翌年三月の二、〇〇〇ポイントの水準へと下げたのに対し、エンロンの株価は僅かながら、逆行高を演じていた。ナスダックが六〇%も下落したのに、エンロンの株価は七〇ドルから八〇ドルへと上昇していたのだ。

一時、九〇ドルまで上昇したこともあった。その他のブロードバンドの旗手たちの株価もそんなには下落していなかったが、エンロンは何と言っても市場の巨人だったのだ。後になって分かることだが、エンロンの高株価は、会社の経営状態が極めて良好だという外向きのサインだったのだ。エンロンは自社の株式をバックにして取引を図っていたため、高株価はエンロン存続のための生命線だった。

電力の購入

エンロンが長い間、隆盛を保つことができたのはエネルギーのマーケットで利益を稼いでいたからだった。実際、ナスダックではハイテク企業が呻吟《しんぎん》しているというのに、それまではあまり見向きのされなかったダウ・ジョーンズ公共株一五種平均がウォールストリートでの新しいスターとなり、エンロンがその代表格となった。そのわけはこうだった。アメリカの力強い経済活動が電力消費を増加させたが、一方では環境保護の見地から新規の発電施設の建設は制限されていた。電力需要が増加しているのに対し供給がそれに見合ってないことが特に目立った場所は、一九九六年に電力マーケットの一部を規制緩和したカリフォルニア州だった。同州で規制が残っていたところは小売りマーケットで、サンディエゴ地域を除いて、電力の小売価格は凍結されていた。従前からカリフォルニア州の二つの大きな電力会社、パシフィック・ガス・アンド・エレクトリックおよび南カリフォルニア・エジソンは消費者に電力を販売するとともに、発電事業も行っていた。ところが規制が緩和され、カリフォルニアの公益事業会社は自社の発電所を他社（多くはテキサス州に本拠のある会社だった）に売却せざるを得なくなった。そして、その日その日に電力を仕入れては消費者に小売りするという形態となっていった。

一般家庭用の電力価格が凍結され、カリフォルニア州の経済が主としてハイテク産業によって急成長を遂げるという状況下、カリフォルニア州はますます電力需要が高まっていった。新規の発電施設がほとんど見られず、また、従来の硬直的な価格を崩すこともできず、カリフォルニアの大きな電力会社にとって電力の購入コストは高まっていた。たとえば、夏のウィークデーの夕食時など、特に電力消費が高まる時は、電力のコストは通常価格の一〇〇倍に跳ね上がってしまうのだった。この状況をもう少し別の角度からみるとこうなる。つまり、エンロンが一九九八年度のアニュアル・レポートで嬉々として指摘する七、五〇〇ドル／メガワット時の電力料金とは、一、二〇〇ワットの消費電力の窓据え付け型エアコンを夜のピーク時に六時間つけていると、五〇ドル以上の電気代がかかる計算となるのだ。もちろん消費者は、一つひとつのエアコンの電気代として一日につきそれぞれ五〇ドルの支払い（また、冷蔵庫、テレビなどをつけていれば一日で数百ドル）を強要されるわけではないので、電力会社はそのコストを負担せざるを得ない。規制が撤廃されている限りは、電力会社にその他の選択はないのだ。これらの電力会社には企業などの顧客もいて、電力消費のピーク時には喜んで操業を停止し、代わりに安い時間帯を利用する。だが、高まる電力需要の問題を解決するにはそんな操業停止だけではほとんど効果はなかった。

カリフォルニア州の電力小売りマーケットはエンロンが行っていたエネルギー取引の市場としては、儲《もう》けさせてくれるマーケットではなかった。二一世紀がやってくる頃までに、エンロンは電力の発電関連の資産を整理し、経営資源をブロードバンド市場に移行していった。こうしたわけで、エンロンはカリフォルニアでは発電設備をもっていなかったのである。カリフォルニアでは産業用の電力の売買ではさまざまに関与していたが、カリフォルニア全体から見るとほんの一部にしかすぎなかった。エンロンの競争相手のほうがもっと大規模だった。彼らがカリフォルニアで電力を販売するそのおこぼれの利益のお陰でエンロンの株価は他のインターネット株と同じように下落してしまうことがなかったのかもしれなかった。エンロンはカリフォルニアの電力市場の運営には何ら関わりがなかった。市場の管理運営はカリフォルニア電力取引所の仕事だった。取引所のルールは、まさに政治的な抗争の産物であり、エネルギーショックによる価格変動リスクを回避できるような長期契約を生産者と消費者の間で結ぶことは禁じられていたのである。

電力不足がエンロンを悩ます

電力料金の高騰はカリフォルニア州で発生し、やがて西部各州に広がっていった。この高騰によって直接的あるいは間接的に、エンロンが一時的に恩恵を受けたにせよ、高価格と電力不足はしつこくエンロンを苦しめることとなった。カリフォルニアの多くの人たちは電力会社が自社の利益追求のために電力不足状態をでっち上げた、と思っていた。たとえば、カリフォルニア州公益事業委員会のロレッタ・リンチは米議会上院の小委員会で次のような証言をした。エンロンはインチキな取引をしていた、つまりブロードバンド・マーケットでも行ったとされるまぼろしの輻輳《ふくそう》（回線等の混雑状態）をカリフォルニア州の電力供給網の主要ポイントでも作りだして、インチキな利益を手にしていた、というのだ。

エンロンはカリフォルニア州の電力マーケットを操作しようとしていたといわれるが、ここでも戦略の名称をスターウォーズからとった。その〝デス・スター（死の星）〟という作戦では、カリフォルニア州を南北に走る二本の主要な送電ルート、第一六経路および第二二経路で電力の〝輻輳《ふくそう》〟が発生、エンロンはその逼迫《ひっぱく》状態の緩和に貢献して利益を得る、という作戦だった。電力市場を籠絡《ろうらく》するその他の作戦には、「ゲット・ショーティ」（映画のタイトル。〝ショーティ〟

は短編、小男、不足などの意）とか、〝リコチェット〟といったかわいい名称をつけていた。マーケットでは、適法範囲内の巧妙な取引と違法な市場操作とは、境界線が極めて曖昧だ。したがって、エンロンが複雑な取引手法を使って取引をしていたことも、カリフォルニア州で操業していた他の電力会社の取引も、それ自体では何ら不正な行為を示唆するものではなかった。とはいえ、気味悪い名称をつけられたこれらの営業戦略が公になってしまったため、エンロンやその同業他社のイメージは最悪のものとなってしまった。

エンロンがカリフォルニア州のエネルギー問題の勃発に際し、演じた役割があったとすれば、それがどんなに大きかったのか、この点はなかなか明らかにすることはできない。しかし、エンロンも他のエネルギー会社もいつまでもそれらの問題から利益を得ることはできなかった。二〇〇一年になると、増えるエンロンの難題のリストの順番では、このカリフォルニア問題は、一番下の方になってしまった。

第8章 エンロン、水道事業に参入する

カリフォルニア州とその近隣諸州において高い電力卸値を維持し、利益を享受していた電力会社にとって、二〇〇一年の最初の四か月間は、それまでの宴の終焉が来たことを意味していた。エンロンの苦悩は、しかし、そこだけにとどまらなかった。進出した国際市場で、ことごとく事業の蹉跌《さてつ》となってエンロンを苦しめていたのだ。エンロンには喉《のど》から手の出るほど欲しかった現金を作ってくれる〝キャッシュ・カウ（現金を生む牛）〟が存在しなかっただけではなく、手がけた主要な賭けがことごとく〝ドッグズ（失敗）〟であることも分かってきた。会計処理を巧みにすれば見せかけだけの紙上の利益はひねり出せたかもしれない。エンロン・オンラインにはそのための材料はたんまりとあった。しかし、冷たくて、堅い本物のキャッシュは、

不足したままだった。

前章で見たとおり、カリフォルニア州はエンロンにとって事業を推進しやすい環境ではなかった。同州は規制の撤廃が中途半端で、エンロンが値付け業者として十分に手腕を発揮できるほど自由化された市場ではなかった。実際、エンロンがカリフォルニア州の電力市場で多少のコントロールを握ろうとして動くと、すぐに違法なマーケット操作だと怪しまれる状況だった。このように、〝カリフォルニア人民共和国〟(保守党系の評論家の表現)ではエンロンは骨の折れる問題を突きつけられていたわけだが、それよりももっと大きな難題は海外市場だった。エンロンにとってこのとき、内憂も外患も、悪いことが一度に押し寄せてきた。

カリフォルニア州の電力市場にとっての問題は徐々に表面化してきた。二〇〇〇年五月二二日は同州が公式に〝クライシス・モード(危機対策)〟に入った日とされている。というのは、この日はカリフォルニア州の電力供給網の管理者であるカリフォルニア・インディペンデント・システム・オペレーター(ISO)が最初の「電力警戒警報――ステージ2」を発令した日だったのだ。このステージ2の警戒警報ではカリフォルニア州のいくつかの企業は、警戒警報が撤回されるまでの間、電力の消費量を落とすように要請される。二〇〇〇年の夏には何度かこのステージ2の警戒警報が発令されることとなった。同時に、電力の卸値も跳ね上がっていった。

通常、冬季のカリフォルニア州では電力不足の問題は起きない。同州の暖かな気候では、冬の暖房用の電力需要よりも夏の冷房用の需要のほうが数段大きいからだ。二〇〇〇年の夏には高水準の電力需要が発生しており、その問題を克服するため、発電施設では設備の整備・点検を、最も緊急性を要するものを除いて省略していた。カリフォルニアＩＳＯでは、〝ノータッチ・デー（無点検日・無整備日）〟を宣言し、需要のピークを乗り切っていた。そんな背景もあって、冬の暖房用の電力需要が高まる前には、かなりの数のカリフォルニア州の大規模発電所では修繕のための、操業停止が見られた。

その後、カリフォルニア州は最初の「電力警戒警報――ステージ３」を発令するに至った。このステージ３の警報は、二〇〇〇年一二月七日にカリフォルニア州ではローリング・ブラックアウト（停電の地区を区切って、輪番的に停電を実施する方式）が発生することになるかもしれない、という警報だった。当日、停電は回避されたものの、ステージ３への移行は深刻な電力危機の始まりを意味し、連邦政府の担当官が対策に乗り出してくることとなった。連邦政府は不本意ながら、実勢価格が平均一、四〇〇ドル／メガワット時にまで上昇してしまったときには、一五〇ドル／メガワット時を上限価格にするように強制した（前述の例で説明すると、一、四〇〇ドル／メガワット時とは、一晩のエアコンの電気代が一〇ドル以上になるという高騰）。パシフィック・ガス・アンド・エレクトリックおよび南カリフォルニア・エジソンに課せられたこの大量の現金を垂れ流してしまう制度は、両社を倒産に向かわせた。倒産の見込みとカリフォルニア州が提訴した法律的な措置により、発電会社は自分たちの販売した電力の料金を回収できない可能性も出ていた。

すべてが二〇〇一年の一月にクライマックスを迎えた。発電業者は料金を回収する見込みのない電力を供給したがらなかったことと、予期せぬ発電装置の機能停止によって、一月一七日と一八日、ついにローリング・ブラックアウトが実施された。高値ゾーンに張り付いていたダウ・ジョーンズ公共株一五種平均のなかのエネルギー関連株は、倒産の噂も飛び交い、一月の初めの二週間で一七％も下落していった。電力会社は、一月は生き延びた。しかし、カリフォルニア電力取引所は持ち堪えられなかった。さらに、カリフォルニア州では三月にはまた何度かローリング・ブラックアウトが発生したが、なんとかその冬を乗り切った。だが、パシフィック・ガス・アンド・エレクトリックはまもなく、倒産することとなる。

二〇〇一年の夏が始まった。電力の卸価格の値動きはしばらくの間、一定水準に張り付いていたが、やがて急落した。七月三日にはその年最後となった電力不足警戒警報が発令された。そして、夏の終わりには電力価格は危機以前の水準に戻っていた。その年は冷夏だったが、関係者は電力危機の発生と消滅の原因追究に熱くなっていた。

世界市場への進出

カリフォルニアの電力危機は厳しい現実で、政治問題化していたが、エンロンにとってはインドで直面していた問題と比べると、さほど難しい問題ではなかった。エンロンはカリフォルニア州の電力危機では周辺部に関与していただけだったが、インドではダボール発電所の投資主体として、プロジェクトの中心的な役割を果たしていた。この発電所は世界最大の発電所計画だといわれていた。

アメリカの他の大企業と同様、エンロンも高成長を続けるためには世界市場へ進出することが不可欠だと考えた。各国への進出が好ましいとされたのは、リスクの分散ができるという理由もあった。国家間でますます経済的な繋がりを強めるグローバリゼーションの時代でも、経済的な問題は基本的には局所的だ。企業はできるだけ多くの場所に拠点を分散しておくことによって、ある局所で発生した大惨事でもその被害を限定的にとどめることができるのである。

世界市場に進出して大成功を収めた米企業は、製品がみんなに受け入れられた企業だ。コカ・コーラ社はその代表製品が世界の消費者に販売され、受け入れられた企業の典型である。そのほか、ファストフードのフランチャイズ、医薬品会社なども、製品のもつ本質的な訴求力によってマーケティング上、何の問題もなく受け入れられた企業だ。エンロンの大きな商品――つまり、マーケット――はなかなか売れなかった。資本主義の総本山であるアメリカでさえ、エンロンが取り組んでいたエネルギーのマーケットは前世紀の最後の四半期にようやく規制撤廃への動きが始まったばかりだった。今でも規制撤廃の手綱は各州の手に委ねられているため、その手順が完了するにはまだあと四半世紀を要するかもしれない状況である。欧州のあるマーケットでは、特に英国が先行しているが、現在よりももっと自由化されたエネルギーのマーケットを志向している。しかし、民主主義的な制度をいろいろと導入することのほうが先決問題である国家では、〝マーケット〟という商品を販売することは至難の業だった。

エンロンが本格的に国際的な展開を始めたのは一九九三年、エンロン・インターナショナル社を創業したことが最初だった。この新しい事業部門はレベッカ・マークのアイデアで、彼女が初代の社長となった。すでにお分かりかもしれないが、エンロンの経営者たちは、そのやる気や情熱を別にすると、取り立てて特別な魅力のある人たちではなかった、といえよう（そして、すべて男性だった）。これとは対照的に、レベッカ・マークはゴールデン・アワーの連続ドラマで描写されるような生活をしていた。

レベッカ・マークは蜂蜜色《ハニーブロンド》の髪をした、人目を引く女性だった。男が支配するビジネスの世界で、彼女は自分のやり方を売り込み、〝マーク・ザ・シャーク〟というニックネームを頂戴していた。マークはまた挑発的な性格で、注目を引くためにデザイナーズブランドの服を着て、それに合わせて三インチもあるピンヒールを履いていることが知られていた。また、ケネス・レイとは共通するところがあった。二人ともミズリー州の田舎町の出身で、バプティスト（浸礼派教徒）の家庭育ちだった。また、ジェフリー・スキリングと共通するところもあった。二人とも、ハーバード・ビジネス・スクールのＭＢＡだった。だが、彼女はスキリングとは異なり、コンサルタントの道を歩まなかった。彼女はヒューストンの銀行でしばらく働いていたが、やがてエンロンが買収した天然ガスの会社に移った。ケネス・レイは彼女の仕事のやり方が気に入っていたと伝えられているが、レイは彼女がエンロンの国際的な拡張路線を統率していくため

1997年10月，自分の執務室でポーズをとるエンロン・インターナショナルの会長兼CEO，レベッカ・マーク。マークはヨーロッパ，アジア，ラテン・アメリカ地域でエンロンが推進するエネルギー・プロジェクトを指揮していた。
（AP Photo／Brett Coomer，File）

の準備をしてやったのだった。もちろん、ケネス・レイはスキリングも大いに気に入っていたのであり、この二人が――連続ドラマによく見られる――同胞同士の競争意識を持って仕事に臨むことはごく自然な成り行きだった。

マークが取引をする際に大きな武器となっていたのは、滅多なことでは忘れることのできないような強烈な好印象を交渉相手に与えられることだった。実際、誰でもマークとの出会いを喜んだ。マークは自分が出張などで移動する際にはエンロンの自家用ジェット機しか乗らない、と言い張ったが、マークとその側近はエンロンが取得できそうな資産を求めてはその自家用ジェット機で地球を巡り廻った。そして、いったん候補の資産を見つけると、それを手に入れるために必要なことは、何でも準備した。そんなレベッカ・マークの栄光となるはずの舞台はインドにあった。

インドのブラック・ホール

エンロンがインドの電力市場に参入することは妙案のようだった。電力は経済力のランクを上げている急成長中の国が一番その需要を増加させる。たとえば、韓国は工業国へ移行するプロセスにおいては電力消費が膨大となった。インドは――国民の多くは十分な教育を受けている――一〇億人の人口を抱え、また、急激な経済成長はまだこれからが本番という国で、その市場は魅力的だった。さらには、インドでの成功は残りのアジア諸国への足がかりとなる。それらの地域もまた有望な市場だった。エンロンは、アラビア湾に面したダボールという港湾都市を最適な進出先として選んだ。その地で、エンロンはゼネラル・エレクトリックおよびベクテルと組んで、二段階の発電所建造計画を実施に移すこととなった。この開発プロジェクトでは、エンロンは開発会社株式の過半数を確保していた。第一段階は重油を燃焼させる火力発電であり、第二段階は規模も大きく、エンロンが大好きな天然ガスを燃焼させる発電だった。インド自体はエネルギー資源に乏しかったが、アラビア海の湾岸諸国から輸入する原油も天然ガスも輸送は極めて容易だった。このプロジェクトには、ダボール市が港を改修し、燃料輸送の増加に対応できるようにする計画も加えられていた。当然のことながら、エンロンの役目はダボールへの原油とガスの安定供給を確保する長期取引を成立させることだった。

一方、エンロンがインドと関わりを持つことに反対する立場にもまた説得力があった。これまでインドは資本主義が気に入らなかったうえに、一九八四年のボパールの大惨事（当地にあった米ユニオンカーバイト社の工場から有毒ガスが漏出した事故。周辺住民の一万五、〇〇〇～二万人が被災、死者は三、五〇〇名に上り、二、五〇〇名に障害が残った）が巨大産業プロジェクトの見通しを政治的な見地から暗くしていた。事実、ダボール発電所プロジェクトは現地で社会的な不安を招き、エンロンは反対者たちを暴力的に弾圧したとの嫌疑をかけられ、人権を侵害したと非難されるようになっていた。

ダボールのプロジェクトは一九九二年に動き出したものの、本格的な離陸がなかなかうまくいかず、ストレスは溜まるばかりだった。ケネス・レイはクリントン政権の商務長官、ロン・ブラウンの協力を求め、インドへの訪問を依頼した。一九九五年、プロジェクトの頓挫《とんざ》を避けるため、商務長官はインドへ行った。アメリカからの政治的な圧力にもかかわらず、インド側との話し合いはその年の後半に決裂してしまい、エンロンは損害賠償として三億ドルを請求するに至った。そして、一九九五年の暮れも押し迫った頃、レベッカ・マークが乗り出してきて、交渉を法廷の外へ引っ張り出し、話し合いを再開することとなった。この仕事の大成功が社内で、また実業界で、マークの評判を上げ、気鋭の新著名人としての存在感を確立した。マークは一九九八年のフォーブス誌ではある号の表紙を飾った。そして、一九九九年にプロジェクトの第一ステージは完成に漕ぎ着けた。彼女には多くの名誉称号が贈られた。ハーバード・ビジネス・スクールではボード・オブ・オーバーシーアーズ（評議会）の委員に選ばれ、エール大学経営大学院ではアドバイザリー・ボード（諮問委員会）のメンバーとなった。

だが、ダボールが操業を開始できるようになる頃には、発電所計画は経済的な意味を失ってしまった（世界銀行のアナリストを含め、多くのアナリストがこの計画は最初から経済的な意味はなかった、とも評しているが）。この発電所の発電コストはインドのその他地区の発電所コストよりも四倍も高い、との見積もりもある。インド国営の発電所もカリフォルニアの二つの民間発電所と同じように、採算が取れなくなっていた。ダボール発電所では、エンロンは運にも見放され、二〇〇一年の一月、ついに債務不履行に陥ってしまった。ブッシュ政権は刎頸《ふんけい》の友であるケニー・ボーイ（ジョージ・ブッシュが親しみを込めてケネス・レイをこう呼んでいたとされる）を助けるために協力を求められ、二〇〇一年四月、国務長官コリン・パウエルをインド政府との話し合いのために派遣した。そして、エンロンが破産を宣言する最後の日まで、エンロンに降りかかる被害を最小限に食い止めるため、外交的な努力が続けられていた。しかし、万事は手遅れだった。

レベッカ・マークは絶妙な手を使ってエンロンのために資産を獲得してきたが、それらはほとんどがエネルギー関連の資産だった。そして、彼女がエンロンの次の新しいマーケットとして目を向けたのが水だった。天然ガスと同様、水は流れ、貯蔵が可能だ。だが、根本的に異なる点があった。水はそんなに貴重な資源ではない、という点だ。実際、多くの地域で水は基本的に無料だ。さらには水が流れる導管や運河は、誰がそれを利用することができるかという点に関し、天然ガスと比べ、より多くの制限があった。

アズリックス

エンロンは、レベッカ・マークを引き続きその任に当たらせて世界の水道事業の企業を買収し、世界中にその支配権を確立する計画を進めた。ハーバード・ビジネス・スクールの研究室からというよりも、世界征服を考えたアニメのネズミの物語「ピンキーとブレーン」からヒントを得たと言ったほうがよさそうだった。しかし、ケネス・レイの目にはエンロンの将来はマークの強みであったハードアセットの蓄積にあるのではなく、本業のトレーディングやジェフリー・スキリングの資産圧縮戦略にある、ということが次第に明らかになってきた。一九九八年、エンロンはレベッカ・マークを会長兼CEOに据えて、アズリックスと命名した水道事業の新会社をスタートさせた。エンロンはアズリックスへ出資し、レベッカ・マークはエンロン本体の役員ポストはそのまま確保した。アズリックスはこれにより、エンロンのバランスシート上に現れない借金によって、いくらでも資産を購入することができることとなった。アズリックスはまず、かなり値の張る資産を手に入れた。英国のこぢんまりとした水道事業の会社、ウェセックス・ウォーターだった。一九九九年にエンロンは六億九、五〇〇万ドルをアズリックスの株式公開により手に入れた。しかし、アズリックスは取引が軌道に乗ると、エンロンからの資金援助（そして、エンロンの高株価）が必要となってくるのだった。

当時、アズリックスではウェセックス・ウォーターを発展途上国の水道事業経営のモデルにすることができると考えていた。しかし、それは間違いだった。一九九九年六月、エンロンはアルゼンチンのブエノスアイレス地方の五地域で水道事業を運営するための三〇年間の水利権を四億三、八六〇万ドルで落札した。この落札価格は他の応札者よりかなり高めだった。アズリックスの経営幹部たちは、やがてアルゼンチンの水利状況が予想よりかなり悪い状態であり、さらに、強い労働組合が水道料金についてもかなりの影響力を持っていることを知ることとなった。

問題はブエノスアイレスのバヒアブランカの汚染水関連でも発生した。これはアズリックスの売り上げを五四〇万ドル減らしてしまった。概していうと、エンロンはアズリックスも含め世界各地の水道事業への投資では、投資のための投資はしたが、それらを成功に導くための課題を完全にこなさなかったということだった。エンロンとその水道事業のやり方は、ケーススタディーの教材にでも使えそうなものだった。

アズリックスの崩壊はほどなくやってきた。一九九九年一一月、会社は経費削減のため、ヒューストンおよびロンドンの社員の三分の一を解雇すると発表した。アズリックスが受け取っていた水道料金は英国の当局が大幅にカットしたため、ウェセックスの買収は大失敗となってしまった。レベッカ・マークはついに二〇〇〇年六月、ウェセックス・ウォーターの取得による事業は期待を大幅に下回る成果しか出ていないことを認めた。マークは二〇〇〇年八月二五日、英国における失敗は英国政府のためだった、と非難しつつ、アズリックスのCEOを辞任した。

二〇〇〇年八月にマークがアズリックスのトップとしての地位を追われた結果、ジェフリー・スキリングは出世レースでマークを負かす形となった。マークはエンロンの株式をすべて処分することとなった。ある筋の観測によると、彼女の手取り金は、退任前に売却していた分まで含めると、八、二〇〇万ドルとされる。このうちいくらが彼女の手元に残るのかはこれからの交渉にかかっている。というのも、彼女はエンロンが破綻する前に逃げていたとしても、エンロンに向けられたたくさんのクラスアクション（集団訴訟）の被告に含まれているからだ。ウェセックス・ウォーターはエンロンによって、二〇〇二年の三月、七億七、七〇〇万ドルでマレーシアの会社に売却された。エンロンの取得価格、一九億ドルからみると捨て値だった。

スキリングがトップに

この章でこれまで説明してきたとおりの混乱があちこちで発生しているなかで、二〇〇一年二月、ケネス・レイはエンロンの運営をジェフリー・スキリングに委ねることとした。レイはスキリングを社長兼ＣＥＯにして、自分は取締役会会長となった。もし、すべてがうまく回転していけば、ジェフリー・スキリングは一、二年の間に会長になるはずだった。だが、すべてはそううまくはいかなかった。

スキリングはＣＥＯを目指したレースでマークをなんとか負かすことができたが、ダボールとアズリックスには彼女の置き土産が残されていた。これらの事業は隠すにはあまりにも目立ちすぎた。全世界がアズリックスは失敗だったことを知っており、また、エンロンがインドの発電所からお金を受領していないことも知られていた。そしてそれらの世間に鳴り響いた損失と、もはやエンロンの株価を支えてはくれない株式市場が、最終的にはエンロンを葬り去ってしまうような土石流を引き起こすかもしれない状況であった。コーネル大学ジョンソン経営大学院のハロルド・ビアマン教授はこう述べている。「ある企業がたとえ計算上でも、ここで一〇億、あちらで一〇億といったような巨額の損失を出していれば、当然それはすぐに表面化してきます。単に水道事業を営んでいる会社を買収するだけで、水の先物取引を世界的な規模で展開できるのでしょうか？」

第9章　傲慢から倒産へ

ジェフリー・スキリングが二〇〇一年に責任者となったエンロンは、自分がかつてコンサルタントとして抱いていたイメージとはかけ離れた企業だった。確かに、オンライン取引分野ではマーケットがどのように機能するかを再定義してしまいかねない操業ぶりで、ニューエコノミーの旗手と目されてはいた。だがスキリングは、エンロンにとってますますやっかいとなる荷物も引き継いでいた。エンロンの社員にとって厳しくて、理不尽だとさえ思える業務達成目標を課していた〝ランク・アンド・ヤンク〟という労働環境のなかで、スキリングはそのチャンピオンだったが、彼はエンロンが取得した事業案件に同じような目標を課して事業を推進するという意志や能力にも欠けていた。

ケネス・レイは〝マーケットは万能だ〟との信条をもっており、それがエンロンの抱えていた問題の根源だった。エンロンは革新性を育む組織に作られていたかもしれないが、企業としての焦点も方向性も残念ながら定められてはいなかったようだ。つまり、極めて競争的な企業体質と、エンロングループのなかで自由に新規のベンチャー企業を追求することができるという社風は、エンロンの革新性に弾みをつけてはいた。しかし、そんな社風がもたらしたものは〝資産〟と〝混乱した戦略〟の寄せ集めだけだった。この会社に事業の焦点を形成してくれそうな人材、たとえばリチャード・キンダーのような人物は、自ら会社を出るか、あるいは組織的に追放され、他の人物、たとえばアンドリュー・ファストウといった者に取って代わられた。ファストウの金融関係の知識は、混乱をまとめるというよりも、むしろ取引を拡大するための知識だった。ファストウはエンロンのなかで、その革新性が優れているという理由で表彰されることになるのだが、しかし、彼が最高財務責任者の仕事として果たすべき重大な監督機能を全うできるかどうか、その適格性に疑問を持つ人もいた。エンロンの事業展開は明らかにケネス・レイやジェフリー・スキリングの監督下からはみ出し、その損害は、たくさんの取引でエンロンが単に失敗することだけにとどまらなくなっていった。

ジェフリー・スキリングは結局六か月間、エンロンのCEO兼社長のポストに就いていた。スキリングがちょうど会社を任されたときに、前章で説明した災難がエンロンに降りかかった。

この点では彼は不運としか言いようがなかったのだが、それよりも彼自身の行動と発言がこの仕事に対する彼の適格性を疑わせていた。

スキリングが新社長となってから数週間も経つのに、フォーチュン誌は彼の顔写真を表紙に載せなかった。それどころか、「エンロンの株価は高すぎるか？」と題する記事を掲載したのだ。ベサニー・マクリーンのこの署名記事は、エンロンの高株価について、投資家やアナリストが抱いていた不安を表していた。エンロン株価は年間一株当たり利益の五五倍の水準で取引されており、その水準は同業者の同じ指標（株価収益率）と比べ二倍にも達していた。記事はまた、エンロンの経営の不透明性についても焦点を当てていた。言い換えると、エンロンがどのようにして稼いでいるのか、誰にも分からなかったのだ。高株価の企業には批判記事が付き物だが、そんな記事の場合でも疑問とされるのは通常、どれだけ長く急成長を続けられるかという切り口だったが、エンロンの場合は、〝この会社は果たして実体はあるのか〟という疑問だった。そして、この疑問は消えることなく問い続けられることとなり、エンロンにまつわる疑惑は株価に重くのしかかっていった。

株価は高すぎるか？

二〇〇一年四月一七日、エンロンは二〇〇一年の第1四半期の財務報告書を公表した。業績は一見すると、すこぶる好調のようだった。利益は前年同期比で一八%も増加し、売上高は二八〇%もの驚異的な増収を記録していた。ところが翌五月、エンロンのその四半期の具体的な決算内容が米証券取引委員会に報告されると、エンロンの利益は実際の金額として実現していないことが明らかとなった。エンロンの経営状態は決してすべてが良いわけではない、ということはエンロンの株価にもすぐさま反映された。スキリングがCEOに就任した当初八〇ドル近くあったエンロンの株価は、二五%も下落して六〇ドルとなっていた。

エンロンはある日の一〇時、エンロンを担当しているアナリストたちのために、電話およびインターネットを使った決算説明のためのカンファレンス・コール（電話会議）を実施した。このような会議では通常、経営幹部が入れ代わり立ち代わり、届け出た数値とこれからの会社の見通しについて、巧みに説明する。そして、報告のあとQ&Aセッションが続く。エンロンのように売り手の〝人気銘柄〟の場合は、通常、あからさまで辛辣、かつ無礼な質問がなされる。そして、前にも説明したとおり、ヘッジファンドは自分の持っている株式のリスクをヘッジするために、こんな株式を対象に空売りを仕掛ける。プロの空売り筋は、獲物のヌーの群と平行に走り、足が遅くてか弱そうな獲物を次の食事にしようと走りながら様子を窺《うかが》っているライオンと同じだった。彼らの空売りは自分たちの売り建てた株式が値を崩したところを買い戻して利益を得る、という賭けだった。エンロンの株式を二〇〇〇年八月に九〇ドル（エンロンの最高値は九〇・六〇ドル）で空売りした人が、その後期日までに六〇ドルで買い戻すことができた場合、三〇ドルの儲け（税、手数料を無視）となる。エンロン株をもっと下げようとして、この株に対する自分たちの悲観的な見方をあちこちに流布すると、彼ら売り方の利益につながることになる。当然のことながら、株式の発行会社にしてみれば、空売り筋を――特に強烈な売り方を――嫌うこととなる。

この電話会議の際に、ボストンに本拠のあるハイフィールズ・キャピタル・マネジメントのマネージング・ディレクター（常務）、リチャード・グルブマンがスキリングに、プレスリリースには含まれていなかったバランスシートはいつ開示されるのか、と尋ねた。スキリングは、来月SECへ報告するものに含まれている、と答えた。グルブマンはこの返答には満足せず、やり返した。「あなたがたは金融機関のなかでただ一社、バランスシートやキャッシュ・フロー報告書を開示していない会社だ。」

スキリングはこれに対して皮肉たっぷりにこう切り返した。「はぁー、そうですか。そりゃ、どうも、ご丁寧に教えていただきまして、ありがとうさんです。」困惑していることを表に出すこと自体が憚《はばか》られるような状況なのに、スキリングはさらに電話線でつながっている参加者に向かって、最後にこう言ってのけた。「お前ら、くそったれめ！」

下落するスキリングの評価

スキリングのこの悪態はグルブマンとその他の空売りの投資家に向けて投げられていたが、彼の攻撃はエンロンを応援してくれていたアナリストたちにも効き目はあった。トップ・アナリストたちを雇用していた投資銀行に、エンロンは莫大な手数料を落としていたため、スキリング自身に対するどんな批判や疑問も、問題化しなかった。アナリストたちはまた、エンロンがキャッシュ・フローの数字を公表していないのは何か隠しておきたいことがあるからだろうという疑念も、彼ら自身で否定に回っていた。とはいえ、エンロンに対する疑惑の種はしっかりと根づき、それから数か月の間に大きく育つこととなる。

この時が社長としてのスキリングのその後を決定づける瞬間となった。誰の目にもジェフリー・スキリングは誰ともうまくやれない、と映っていたのだ。ジャック・ウェルチのような厳しいＣＥＯでさえ、気さくで陽気な一面をあわせもっていた。ＣＥＯたる者、厳しい質問に対しては可笑しさを交えた当意即妙の返答で質問の厳しさを和らげる才覚が欲しいものだ。そうでない場合は、少なくとも返答をうまく回避してその場を乗り切る手腕が必要だ。スキリングは、馬鹿げたことは我慢しないというのが強さの証だと考えていたのかもしれないが、他の人はむしろ、そんな彼の競争力は本物だったのかどうか疑問に思うようになっていた。

決算発表の二週間後の五月二日、エンロンの副会長、J・クリフォード・バクスターがエンロンを去ることとなった。エンロンのプレスリリースによると、理由は「家族といる時間をもっと長く持つため」だった。このバクスターの退任はほとんど何の注目も浴びなかった。副会長職の〝イジェクター・シート〟に座って会社から飛び出すことは、何ら異常なことではなかった。バクスターの曖昧な退任理由は、不幸な人たち、あるいは強制的に辞めさせられる人たちがよく使う言葉だった。だが、バクスターが退任したことは、バクスターをエンロンの良心と仰いでいた社員の間に動揺を招いていた。バクスターはジェフリー・スキリングの友人であり同僚であって、エンロンがしていたことを知っていた。そしていくつかの問題ではスキリングと衝突していたとされるが、バクスターは詳細を語ろうとはしなかった。

五月中旬になってリチャード・グルブマンが見たがった数字がSECに報告された。内容は良くなかった。第1四半期の報告利益は四億二、五〇〇万ドルだったが、同期間の営業費用はそれを上回る四億六、四〇〇万ドルだった。グルブマンの直感は正しかった。エンロンはその満身の創痍《そうい》を顕し始め、株価は下降トレンドをたどった。

　スキリングはCEOとしての短い任期のなか、歩を進めていった。それは荊《いばら》の道だった。だが、スキリングは自分ではなす術もなかった。六月一二日、スキリングの不器用さがラスベガスのあるテクノロジーの会議で露見した。ニューヨーク・タイムズによると、このとき、スキリングはこんなジョークを言ったという。「カリフォルニアとタイタニックの違いが分かりますか？　タイタニックは沈んでいくとき、少なくとも、船に明かりがついていましたね。」カリフォルニアの人たちはエンロンに対してはいい印象を持てなかった。数日後のサンフランシスコでは、彼が同州のエネルギー危機について話をするためにカリフォルニア・コモンウェルス・クラブの建物に入ろうとしたとき、一人の抗議者が彼目がけてパイを投げつけるという事件が発生した。

　二〇〇一年の七月、スキリングは業績発表の電話会議を再度主宰した。今回は利益が前年同期比四〇％の増益だった。だが、エンロンの内部に山積していた問題がアナリストやメディアに開示した数字となって、ついに表面化し始めた。売り上げは前期比で多少の減収となっていた。一方でエンロン・オンラインがあれほどに成長を遂げたのに、その成長だけではエンロンの諸問題、つまり、ブロードバンド通信、アズリックス、ダボール、そしてカリフォルニア州の電力問題がもたらした業績悪化を補填することができなかった（エンロンは事業分野別の業績数字を公表しなかったことで、再三非難されていた）。株価も下降を続け、第2四半期の決算が公表された頃には、五〇ドル以下となっていた。

今回の一〇時からのミーティングでは罵詈雑言《ばりぞうごん》は聞かれなかった。しかし、エンロンと関係のあるLJMキャピタル・マネジメントという会社は「いったいどうなっているのか」とジェフリー・スキリングが質問されたとき、彼はこう答えた。「いや、本当に取るに足りない、小さなことが二、三件起きているだけですよ。」

バランスシートの懸念

アナリストたちは、エンロンがバランスシートを公表せず、またその他重要な細部情報を開示しないため、不安を募らせていた。SECにはもう少し詳しい情報が報告されたが、それはエンロンが回避できない義務だったからだ。二〇〇一年八月一四日にエンロンがSECに提出した〝フォーム10－Q〟という書式の四半期決算報告書は、エンロンの利益が（評価益として）、八億二、三〇〇万ドルに達していることが記載されていた。だが、一方で営業活動での損失が一三億三、七〇〇万ドルへと膨れ上がっていることも開示された。しかし、そんな決算数字の衝撃を和《やわ》らげてしまう出来事が起こった。その日、ジェフリー・スキリングの退任が発表されたのである。

エンロンのプレスリリースには、スキリングの次の言葉が書かれていた。

「私は個人的な理由で辞任するものです。この全くの個人的な理由にご理解を賜りましたケネス・レイ会長に感謝申し上げます。また、エンロンの役職員の皆々様に御礼申し上げる次第です。」


大企業のCEOは例外なくモチベーションの高い人たちだ。彼らはすぐに諦めてしまうような人種ではない。根気のない人たちは、トップを目指す競争の日々を何年間も耐えることはできまい。だが、CEOとなってわずか六か月で、個人的という理由だけで、突然辞任するということはまったく聞いたことのない事例である。スキリングは、「自分の辞任はエンロンの内部で何かが起こっておりそれと関係がある、ということではない」と繰り返し否定した。だが、彼の弁明を信じる人はほとんどいなかった。スキリングがエンロンから去っていったことは、このエンロンという大河小説に謎を残したままだ。だが、それは謎だらけのなかの一つにすぎなかった。スキリングはエンロンでよい時を過ごしていたわけではなかった。在任中に株価が上がるということはほとんどなく、自分が経営していた会社は自分が作り上げたいと考えていたものとは違っていた。憎まれてもいた。彼はエンロンで起こっていることを知っていたため、辞めたいと思う理由がたくさんあったのだ。

スキリングは自分の辞任がどんな影響を及ぼすのかについて考えたかどうかはわからない。だが、彼はエンロンからそっと立ち去ることはできなかった。というのも、彼の辞任はウォールストリートとエンロンの従業員を動揺させてしまったからだ（後日明らかになるが、エンロンで何が起きていたかを一部知っていたある部長が自分の心配事を、スキリング辞任の翌日、ケネス・レイにメモとして提出していた）。やがてスキリングは、辞任後の日々が彼の人生のなかで最悪の期間だったと語ることとなる。

会社に対する世間の信頼を取り戻そうとして、ケネス・レイは再び自分がCEOに就任した。CEOのポストを埋めるべきスキリングの代わりが育っていなかったので、それが一層スキリングの辞任の唐突さを浮き上がらせていた。また、社内の熾烈な競争により人材がいなくなってしまっていたことも、表面化させてしまった。

激励の言葉

ケネス・レイは士気を上げるため、強気の文面のe-メールを従業員に送信した。だが、そのe-メールは自分に跳ね返ってきて、自分を苦しめることとなった。エンロンの多くの従業員はエンロンの株式を401(k)の退職年金プラン(確定拠出型年金)、あるいは従業員ストック・オプション・プログラムで間接的に大量に所有していたので、下落する株価は従業員の財産を減らし、かつ士気も滅茶苦茶に下がっていた。レイのe-メールはエンロンの株式をしつこく売り込むもので、ある時には従業員に向かって、エンロン株を「〝こんなにいい買いチャンス〟は滅多にないと思う」と勧めていた。だが、ここでの問題は、スキリングが辞めるに至るまで、ケネス・レイは保有していた大量のエンロン株を処分していた、という事実だ。エンロン株を売却したレイとその他のエンロンのインサイダーたちに対して、何件かの集団代表訴訟が起こされたが、その一つの訴状によると、レイはe-メールで従業員にエンロン株を勧める戦術を採る前の一八か月間に、一億ドル相当以上のエンロン株式を売却していたという。また、いろいろな時期にエンロンのいくつかの子会社社長を任されていたルー・パイは、エンロン株三億五、〇〇〇万ドル相当をまとめ売りする責任者を務めていたという。本件の民事訴訟によると、インサイダー取引によるエンロン株式の売却は全部を合わせると、一〇億ドル以上に上ったとされる。さらに不運なことに、401(k)で自社株を保有していた従業員は、取り決めによって、一番肝心なときに数週間も株を処分できなかった。この〝ロックアップ〟という、株式の売却禁止期間の制度がエンロンでも採用されていたことは、従業員がこぞって売却に走ることを防止し、株価を浮揚させるために、エンロンの経営者が謀っておいたことではなかったか、という疑いもたれていた。

これまではゆっくりと下値を切り下げてきたエンロンの株価も、スキリングが辞任したことにより、下落のスピードが加速されることとなった。九月一一日のテロによる大惨事が世間の注目をエンロンから一時遠ざけたが、一〇月一六日に発表した第3四半期の決算によって、再びエンロン問題が注目されることとなり、エンロンはついに、世間にその実態を赤裸々にさらけ出すこととなった。各事業部門の業績悪化を決算に反映するため、エンロンは合計一〇億一〇〇万ドルの除却を実施した。特にブロードバンド通信事業の処分が大きかった。この結果、第3四半期の赤字額は六億一、八〇〇万ドルに達した。表面上は、ケネス・レイが——すでにこれまでにその効果が立証済みの手法で——汚れを落とした洗濯物を、一気に風に当てて乾燥させているように見えた。彼は実際、前四半期の決算は「混乱の極みのほかの何物でもない、会社全体に厚い雲を覆い被せるようなもの」と表現していた。

だが、世間の本当の耳目を集めたことが他にあった。共同経営していた特別目的事業体、LJMキャピタル・マネジメントの処理のために使った三、五〇〇万ドルの費用である。LJMのトップはアンドリュー・ファストウだった。LJMに関するある書類が新聞にリークされたが、その内容は翌年二月にパワーズ・レポートが公表されるまで一般には明らかにはならなかった。LJMと関連するSPEについては、リークによってもほとんどその全容は分からなかった。だが、アンドリュー・ファストウがエンロンとは重大な〝利害の不一致〟の関係にあり、あるいは彼が不正行為に関与していたらしい、といった疑惑が生じていた。ファストウがSPEから受けていた報酬がいくらであったのかはこれから後になって分かるだろうが、数百万ドルはあっただろうといわれる。当時、役員の流出に苦しんでいたエンロンがファストウを引き留めるために、ファストウの報酬の上乗せ用にパートナーシップが利用された、と見る人もいる。LJMによる赤字額が公表される少し前、ファストウは自分が作ったすべてのSPE絡みの仕事から解かれることとなった。

エンロンの崩壊はまるで列車転覆事故をスローモーションで見ているようだった。何週間にもわたって新聞のビジネス欄で報道され、ついにはテレビのニュース・ネットワークで毎晩特集されるようになった。エンロン問題の本質が何であろうが、一つだけ確かなことがあった。格付け会社がエンロンの発行済み社債について見直し、ジャンク・ボンドへと格下げをすると、エンロンは通常の事業を遂行できなかった、ということだ。そんな事態となると、状況にもよるが、エンロンには身売りするか、あるいは倒産を選ぶか、のどちらかしかなかった。前にも説明したとおり、エンロンはトレーディング事業を行っていたが、買い手と売り手をマッチングさせるだけの通常の仲介業者ではなかった。どの取引でも、エンロンが客に向かっていたのだ。つまり、どんな売り手に対しても、エンロンは自社で買い手となり、どんな買い手に対してもすべて自社で売り向かっていた。もし社債の格付けにおいて投資適格というお墨付きを付与してもらえなかったら、エンロンは新規商品のマーケットで顧客の取引の相手方を務めることができなかっただろう。ジャンク・ボンドの発行会社では取引が成立しても、期日にきちんと受け渡しができるかどうか信用されないためだ。もっと悪いことに、エンロンの資金調達のほとんどは、その信用力が投資適格という格付けを持続できたお陰で可能だった点だ。投資適格から格下げを喰らってジャンク・ボンドに落ちてしまうと、その負債はすべて償還を迫られることとなる。エンロンには償還の原資がなかった。残された手は、倒産だけだった。さらに悪いことに、エンロンが設定したSPEの資金手当ては、そのほとんどがエンロン株をベースとしていた。したがってエンロンの株価がかなり下落すると、エンロンは自己株式の追加差し入れをしなければならなかったのだ。だが、エンロンにそんな金庫株はもうなかった。

LTCMの二の舞い？

エンロンの第3四半期決算があちこちで論議されると、ウォールストリートではエンロンがLTCM（ロングターム・キャピタル・マネジメント）の二の舞いになるのではないかという懸念が持ち上がった。だが、そんな見方はまだまだ楽観的すぎた。三年前の一九九八年八月、LT

CMは倒産寸前となった。ヘッジファンドがポジション（持ち高）を調整して（儲けようとして）いたマーケットから、勃発したロシアの経済危機によって資金が一斉に逃げ出してしまったのだ。その後、LTCMは実質的にウォールストリートの投資銀行団によって買収され、そのポジションは時間をかけて徐々に解きほぐされていった（その過程でも銀行団はきちんと利益を生み出していった）。

しかしながら、LTCMが直面していた状況はエンロンが立たされた窮地とはまるで異なっていた。LTCMの投資はほとんどが一般的に取引されている証券への投資だった。そのなかには一部、ほとんど知られていない銘柄もあったが、しかしウォールストリートではLTCMが何を保有しているのかが分かっていた。ただ一つLTCMが金融証券市場を驚かせたことといえば、銀行やブローカーなどの金融機関から借り入れた資金で買い集めた有価証券持ち高の巨額さだった。

LTCMはウォールストリートにとっては理解がしやすかった。というのも、LTCMはノーベル経済学賞をともに受賞しているロバート・マートンとマイロン・ショールズの、よく知られた理論に基づいて運用していたからだ。その理論はどのビジネス・スクールでも教えていた。彼らが建てたポジション、つまりロシア危機が発生する前は利益を生んでいたポジションを、ごく一般的なオモチャであるレゴのピースだと思えば状況が分かりやすい。ロシア危機に見舞われたとき、レゴで作ったオモチャは厳冬極寒のシベリアの戸外へ放り出されたまま凍結してしまったのだ。この状態では金を貸した金融機関の懸念が高まり、自分たちが貸したレゴの一部でもＬＴＣＭから取り返したくなった。そして、ＬＴＣＭが凍りついたレゴを十分に溶かし動かすことができなかったので、金融機関はＬＴＣＭの作ったものをそのまま押収して自然解凍するのを待ち、ほんの僅かなピースをＬＴＣＭに返したのだ。この事件では、かなり多くの借金をしてＬＴＣＭのパートナーとなった一部の若い人を除き、だれも破産しなかったし、また内外の経済に害が及ぶということもなかった。

ＬＴＣＭとは対照的に、エンロンには理路整然とした経営の見通しがなかったし、やることなすことがウォールストリートには意味が通じなかった。エンロンは店から市販のレゴを買うことをしなかった。彼らは自ら射出成形機で自分たちのレゴのピースや新しい形のピースを作り、やがてマーケットがそれらを標準品として認めるようになっていた。どのようにすればそれらのピースがすべて組み立てられるのかは、分からなかった。それだけではなく、それらのピースのなかにはだれも使い方が分からないものもあった。ＬＴＣＭについては、ヘッジファンドがどんなことを発生させてしまったかは明確だったし、それを元どおりにする方法も分かっていた。エンロンが破産して数か月が経過しても、だれもエンロンが作ってしまった怪物の正体が分かっていないのだ。この不透明さがエンロンと取引のあった会社の株価に影響を与えた。エンロンとの契約は履行されないものが増加しており、破産審査裁判所ではこの種の不履行をどう処理するのか、それはだれにも分からなかった。

エンロンの株価は第3四半期の決算が発表されたとき三三ドルだった。だが、それから二週間の間に半分の一六ドルへと下落した。そして、最高値から八〇％も下落し、回復の見込みも危うい状況下でも、エンロン株式を担当していた一七人のアナリストのうち一〇人が〝強い買い推奨〟のレーティングをしていたのだ。ただ、一人、プルデンシャル証券のアナリストが〝売り〟の格付けをしていた。その頃の値幅での一番の下落は、一〇月二二日に起きた。五ドル四〇セントの下落だった。このときは、アンドリュー・ファストウが創業し自ら経営していたSPEの調査にSECが入ると公表したときの影響だった。それからまた三ドル三八セントの下落に見舞われた。それはケネス・レイがファストウを解任した二日後の出来事だった。

ファストウがどれほどSPEに関係していたのかを政府が調べている最中に、ファストウは解任された。そのSPEとは、LJMおよびLJM2として知られていたものだ。彼の手数料は四、〇〇〇万ドルを超えており、彼を手伝ったエンロンでの部下にも百万長者となった者がいた。こんな状況では、ケネス・レイもファストウを切るしかなかったのだ。

ホワイト・ナイト（白い騎士）を求めて

一一月のエンロン・ドラマのシナリオは、格付け機関が審査を厳格にしてエンロン債の格付けをジャンク債にまで格下げてしまう前に、なんとかエンロンの救世主を捜す展開となった。一一月に入ると、エンロン債は暴落し、利回りは最も安全度の低いジャンク債に匹敵するぐらいまで上昇した。しかし、客観的なコンピュータ・モデルで格付けをするサンフランシスコに本拠のあるＫＭＶコーポレーションといった格付けサービス会社は、すでに効率よく、エンロンの格下げを実施し、ジャンク・ボンドとしていた。一方、ムーディーズ、スタンダード＆プアーズ、そしてフィッチといった格付け会社は人間の手による分析に頼っており、現場のアナリストたちの上司のところにはエンロンから格下げをしないようにと懇願する電話が入っていた（ムーディーズは恐らくエンロンとの関係で非難をされることとなったためなのか、客観的な方法による格付けの良さを認め、ＫＭＶの資本の一〇〇％を二〇〇二年早々に取得している）。エンロンは自社の信用力のベースがまもなく崩れることを見越して、それまでのクレジット・ラインを全部取りやめ、最大の債権者であった二大金融機関、つまりＪ・Ｐ・モルガン・チェースおよびシティグループと交渉し始めた。これは、世間で言うとおりだった。――「お金を銀行から少し借りればそれはあなたの問題だ。が、莫大な借り入れとなると、それは銀行の問題だ。」

エンロンの身請けを真剣に検討していた唯一の会社は、同じ町の競争相手、ダイナジーだった。エンロンにはこれまでさんざん辛酸を嘗めさせられてきたが、今はそのダイナジーがエンロンの運命を握っていた。これはまさに勧善懲悪のドラマのような話だった。エンロンの財務状態は混乱の極みであり、そのCFOは不名誉な窮状に陥っており、エンロンは自社を買おうとしている相手に対して自社の正体を十分に伝えることができなかった。一一月八日になって、ダイナジーとの重大な交渉のさなか、エンロンは過去四年半の財務報告について訂正報告をすると公式に発表した。これまで投資家を惹きつけてきたエンロンの利益は消去され、負債が積み増された。そもそもエンロンの財務報告書を監査した会計事務所、アーサー・アンダーセンがそれらの財務報告書を承認したということで、アンダーセンもエンロン疑惑の調査対象となった。さらにアンダーセンにとって都合の悪いことに、アンダーセンはこれまでにも監査法人としての監査が甘過ぎるとして告発されていたし、またその結果、数百万ドルもの罰金を払っていたこともイメージを悪くした。

エンロンには諸問題が山積しているにもかかわらず、一一月九日、ダイナジーはエンロンを八九億ドルで買収することに、暫定的に合意した。しかし、ダイナジーはすぐに、エンロンの修正財務報告書でも信頼性に欠けると判断した。買収金額についてもダイナジーはよりよい条件を求めて交渉を続けたが、ついに一一月二八日、話し合いは決裂した。エンロンのすべての救済策が尽きる事態となって、格付け会社もリングの中にタオルを投げ込むように、エンロンを即時ジャンク・ボンドへと格下げした。政府による救済も、これまでのエンロンおよびケネス・レイとブッシュ政権との緊密な関係のため、大統領に対して腐敗の非難を招くことが必至であり、軽々しく救済に乗り出すことはできなかった。予測されたとおり、エンロンは債権者からの資産回収の動きを封じるために資産凍結を求め、すぐに米国連邦破産法第一一条の適用を申請し、破産した。一二月二日のことだった。

ダイナジーへの身売り協議が頓挫《とんざ》したため、エンロンの株価は一ドル以下へと急落し、もはやニューヨーク証券取引所に留まることは不可能となった。そして今、破産から甦《よみがえ》ることができるかもしれないというかすかな望みを繋いで、エンロン株は取引所には上場されていない銘柄を売買する〝ピンク・シート〟銘柄として、数セントの気配値が呈示されているだけである。

エンロン倒産の最大の悲劇は、従業員に降りかかった災難だ。役員を除く多くの従業員は、米国歳入法第４０１条（k）項の確定拠出型退職年金プランに沿って、退職後の蓄えのために、自分たちの資金の全額を注ぎ込み、エンロン株を購入していた。ほんの数か月前、一〇〇万ドルにも達していたその貯蓄が、跡形もなく消えてしまったのだ。さらに、従業員持ち株制度を利用していた従業員の場合は、もっと大金が消滅してしまった。年金の資金運用の場合、資金を適当に分散して投資するように指図することが健全な運用方針である。401（k）プランの自社株購入に付与するエンロンからの補助金の大きさと、ケネス・レイがエンロンの経営状態について保証していたことの二つの要因が相まって、従業員はその健全運用の常識を平気で無視する雰囲気となっていた。また、持ち株制度では、自社株を買い続けてついには大金持ちとなったマイクロソフトの従業員と同じか、それ以上の大金持ちになりたい、と欲を出していたのだ。

トリガー株価

二〇〇一年一一月二八日、エンロン株が四ドルより少し下の水準で取引されていたとき、格付け会社はエンロンの信用格付けの格下げを発表し、投資適格以下に落としてしまった。その結果、途端に六億九、〇〇〇万ドルの借入金の即時返済を迫られることとなった。だが、この新たな返済義務の発生以前に、すでにもっとたくさんの現金および担保による返済義務があった。エンロンは二つのSPEを作るときに資本参加していた会社――オスプレー・トラストおよびアズリックスに関係したマーリン・トラスト――に対して、それぞれ二四億ドル、九億一、五〇〇万ドルの負債を抱えていたのだ。この二社からの資金提供は、エンロンの株価が一定以下になると返還義務が発生するという条件付きだった。その義務は、一つが二〇〇一年五月五日に株価五九・七八ドルで発生し、もう一つは二〇〇一年九月五日に株価三四・一三ドルで発生していた。これらは、エンロンが存続していくためには、なんとか耐えて乗り越えなければならない大きな負債だった。大出血を続けている企業にとって、時間が刻々と迫っていた。

エンロンは破綻を宣言すると、即時に四、〇〇〇人の従業員を解雇し、その後、さらに多くの人々の職が失われることとなった。従業員は自分の雇用契約が終了したことを、ボイスメールで知らされた。さらに、エンロンが破綻を宣言する少し前に、トップ層の経営者たちには、辞任を防ぎ、エンロンの再建を託すためという表面上の理由で、莫大なボーナスが支払われたことが一般に知られることとなり、一般社員は受けたひどい仕打ちに加えて、これによってさらに傷口を広げられる思いだった。ケネス・レイはエンロンが破綻から立ち直り、小さくともより強力な会社として再出発できるものと、楽観的に考えていたのである。しかし彼と同じように考える人はほとんどいなかった。エンロンへは集団訴訟がいくつも提訴されており、また、債権者たちは債権の回収のために、列を作っているありさまだった。これではエンロンが自分でまいた災いに収拾の目処《めど》をつけるのに、何年もかかることだろう。しかも、そこにはもはやエンロンの痕跡はないことだろう。

ヒューストンでは、あるいは世界中どこでも、ケネス・レイ、ジェフリー・スキリング、アンドリュー・ファストウの行為は非難されるべきだ、とされる。エンロンの破綻が宣言され、エンロンの会計監査をしたアンダーセンが共謀してその会計疑惑を招いたと非難され始めると、エンロン問題はもはや財務上の破綻では済まなくなり、一大スキャンダルとなってしまった。二〇〇二年一月九日、米国司法省はエンロン問題についての強制捜査に踏み切った。これは連邦検察による起訴に発展する可能性を意味していた。司法長官のジョン・アシュクロフトは、エンロンとその役職員から五万七、〇〇〇ドルの選挙資金を受けていたが、一般からの圧力が高まり、この事件から忌避《きひ》されることとなった。司法省のヒューストン法務局は、職員の家族がエンロンに勤務していたり、そのほかの繋がりが認められたため、全員がこの事件から手を引くことを命ぜられた。アンダーセンもそのヒューストン事務所がエンロン関連の書類を昼夜兼行でシュレッダーにかけて破棄したという話が表沙汰となり、事件捜査の対象となった。だが、スキャンダルの中心はすぐに、ある社内メモに移っていった。エンロンのトップが事件との関わりを否定しても、それには信頼性がないことを暴いた社内メモが出てきたのだ。

第10章 トップは「買い」を勧め、裏で売る

二〇〇二年一月一四日、ケネス・レイに宛てた七ページにわたる匿名のメモの下書きが姿を現した。そのメモはこんな書き出しだった。「エンロンは危険な勤務先に変貌してしまったのでしょうか？」エンロンの主要事業がリスク管理であることを考慮すると、このメモは挑発的で、皮肉たっぷりだった。しかし、新聞社がそのメモを入手すると、そのメモのくだりを第一面でこんな風に紹介した。

「私たちはこのまま会計スキャンダルの波に呑み込まれて崩壊してしまうのではないかと思うと、夜も眠れないほど心配なのです。」

2000年２月26日，米議会上院の商業・科学・運輸委員会で証言をするエンロンの元部長で，内部告発をしたシャロン・ワトキンズ。写真の奥には元エンロンCEOのジェフリー・スキリングの姿も見られる。
（©AFP／CORBIS）

メディアは、エンロン事件をこのときから〝スキャンダル〟として公然と認知したのだった。

ヒューストン・クロニクル紙によると、メモの下書きは〝エンロン本部から出されたある箱の中にあった〟とのことだった。発見された翌日、メモを書いた本人が判明した。シャロン・ワトキンズという法人顧客開発担当の部長だった。彼女がメモを書き、二〇〇一年八月一五日に匿名でケネス・レイに送ったものだった。その日はジェフリー・スキリングが辞任した翌日だった。メモはケネスへの手紙という形になっており、長々とエンロンのいくつかのＳＰＥのことについて書いてあった。しかし、後日明らかとなるスキャンダルの最も機密の暗部については、ワトキンズはあまり事情に通じていなかったようだった。しかし、ジェフリー・スキリングの辞任によって、エンロンが受けるだろうこれからの災難については、理解していた。彼女はこう書いている。「私はスキリング社長が辞任したことによって、さまざまなことが露見しやすくなってしまった、と懸念します。あまりにも多くの人が、まだ銃身から煙の出ている銃（決定的証拠）を探っているからです。」

ワトキンズ・メモがメディアにリークされたことにより、エンロン・スキャンダルは独り歩きを始めた。しかし、そのメモは決定的な証拠とはならなかった。というのも、ワトキンズはその後、アンドリュー・ファストウのところで働き始めたが、彼女はファストウの側近ではなかったからだ。ケネス・レイはシャロン・ワトキンズと都合三回の話し合いを持ったあと、問題の解明に乗り出した。しかし、ワトキンズが、「疑問の多いSPEの設立に関与した弁護士や会計士は使わないように」とアドバイスしたにもかかわらず、それには従わなかった。また、彼女がメモを書いたことは疑いもなく勇気のあることだったが、彼女が推奨した採るべき解決方法（できるならば、静かに片をつける）は、〝隠蔽《いんぺい》工作〟と取られかねなかった。

そして、一月一四日、本物の隠蔽工作が発覚した。シャロン・ワトキンズのかつての勤務先、アンダーセン会計事務所に絡む事件だった。ヒューストンのアンダーセン事務所の所長、デビッド・ダンカンは、エンロンに関する書類を破棄するように指示したという理由で解雇された。それらの書類にはSECから「証拠文書提出命令」を受けていた書類も含まれていた。疑わしいSPEの監査報告書に幾度も署名していたことにより、アンダーセン自体もエンロン・スキャンダルを構成する一部となっていた。さらには、それらの書類を破棄するというところまで進んでしまったため、何なく連邦検察の捜査対象となってしまったのだ。いったん検察がデビッド・ダンカンと司法取引をすると、アンダーセン全体に捜査が及ぶこととなる。それはまさに、エンロンが債券発行でジャンクの格付けしかもらえない場合、業務の続行が難しくなるように、アンダーセンも有罪の判決が下されれば、仕事ができなくなる事態だった。有罪判決の可能性がアンダーセンの前途に覆い被さってきたため、アンダーセンは解体し始めた。エンロンはアンダーセンの顧客のなかで一番に監査契約を破棄することとなった。

二〇〇一年一二月一二日、アンダーセンの会長、ジョゼフ・ベラルディーノは米議会下院金融サービス委員会の「資本市場・保険・政府出資企業・監視・調査の各小委員会による合同小委員会」で自社を守るべく、こう証言した。「重要な情報が私どもに開示されていなかったようです。私どもは、会社内で不法行為にあたるかもしれないことが行われていると、監査委員会には報告しております。」彼の弁明の一つは、エンロンが財務内容に関しアンダーセンに真実を明らかにしてはいなかったこと、またもう一つは、知り得た内容はそれだけで疑問を抱かせるに十分であり、その結果として彼らはエンロン社内の監査委員会に報告した、というものだった。ベラルディーノはまた、前年（二〇〇〇年）にアンダーセンは手数料として五、二〇〇万ドルをエンロンから受領し、うち二、五〇〇万ドルが会計監査報酬に相当する、と証言した。また、残りの手数料のうち、一、三〇〇万ドルはコンサルタント・フィー、一、四〇〇万ドルがおそらくは、ベラルディーノの説明によると「監査法人にしかできない仕事であるため」、監査関連手数料だ、という。エンロン関係からの売り上げは、アンダーセン全体の年間収入九三億ドルの一％にも満たないため、ベラルディーノはアンダーセンのビジネスの全体から見れば、金銭がアンダーセンに腐敗を招いたとは考えられない、と説明した。ベラルディーノはアンダーセンが刑事告発を受ける段階となって、辞任した。

粉々になった評価

エンロンはやがて、自社のスキャンダルの証拠をシュレッダーにかけてしまったことで非難を浴びることとなった。そして、それらの粉々になった書類を詰めた箱を自宅に持ち帰った社員の写真がメディアを飾った。この時点でケネス・レイは、もはや（破産手続きのなかの債権者委員会、およびエンロン取締役会の承認を得て）退任する潮時だと悟った。そして一月二三日、ケネス・レイは取締役会会長およびCEOの職を辞した。その後しばらくはエンロンの取締役として残ったが、その立場での彼の発言はもはや再建の役に立つことはなかった。

エンロンの内部の人たちは、辛い時期を迎えようとしていた。刑事告発、破産手続き、そして集団訴訟に加えて、米上下両院の議員がエンロンの役員を全国ネットのテレビカメラの前で

エンロンの前副会長J.クリフォード・バクスター。撮影日付は不明。バクスターは2002年1月25日金曜日，自宅から数マイル離れたテキサス州シュガーランドで，自らが所有するメルセデス・ベンツの中で遺体となって発見された。捜査当局は，彼は自分で頭に銃をあてて自殺したとしている。バクスターは2001年5月にエンロンを辞任し，エンロンの相談役となっていた。（AP Photo／Texas Department of Public Safety）

厳しく追及しようと手ぐすねを引いて待っていた。また、ホームタウンのヒューストンでは、レイ、スキリング、ファストウ、そしてその他スキャンダルの関係者は、テキサス独特の強烈な憎悪をもって嫌われていた。ジェフリー・スキリングが後になって〝子供に対する痴漢行為のようだ〟と例えたが、明らかな排斥も発生し、それはエンロンの前副会長、J・クリフォード・バクスターにも向けられていた。バクスターは一月二五日、自分の車の中で遺体となって発見された。ピストル自殺をしたと考えられた。死因について、地元の警察は早急に（あまりにも早急すぎると見る人もいたが）自殺だと断定した。しかし、彼の死に関しては疑問が多すぎたため、事件は数か月を経た今もまだ解決していない。特定の人とバクスターの死を結びつける証拠は何もないが、バクスターがエンロン内部のことをいろいろと知っていたとすれば、彼の死はなんと都合がよかったことか。とはいえ、バクスターが死ななかったとしても、このスキャンダルのなかで彼が演じた役割に対する、これから何年にもわたる厳しい試練のことや、あるいは会社の人たちを刑事告発に巻き込まざるを得ないというプレッシャーのことを考えると、彼の前途は真っ暗だったのだ。

二月になると、テレビの視聴者はエンロン内部の人たちを間近に見ることができるようになった。ただ、彼らは米国憲法修正第五条を申し立て、黙秘権を行使した。そして同月早々、二一八ページに及ぶパワーズ委員会報告書（パワーズ・レポート）が提出された。エンロンのSPEに関するレポートだった。パワーズ委員会は、ファストウが解任されたときに、エンロンの取締役会によって設置されていた。委員会の役目は、ファストウの取引を調査することだった。テキサス大学の法科大学院ウィリアム・パワーズ学部長が委員会を率いていた。パワーズはエンロンにいくらか世間からの信頼回復をもたらしてくれるものと期待され、一〇月に取締役に就任していた。委員会にはこのほか、新たに取締役となったレイモンド・S・トローブ、そしてハーバート・S・ウィノカー・ジュニアがいた。ウィノカーがメンバーに入ることは、委員会の中立性に疑問を生じさせるという批判もあった。というのも、彼はファストウの取引が何件も承認された頃から、エンロン取締役会のメンバーだったからだ。これでは、パワーズ委員会はエンロンの取締役会を非難することはないだろうと見られたのだ。案の定、委員会はケネス・レイを含む数人の役員を軽い罰で放免とし、憤怒をアンドリュー・ファストウ、ジェフリー・スキリング、そしてアンダーセンの監査に向けた。ウィリアム・パワーズはレポートを提出した二週間後、エンロンの取締役を辞任した。

より鮮明になった構図

パワーズ・レポートは責任の所在を明らかにするという点で客観性に欠けていたようであるが、しかし、エンロンのSPEがどのように機能していたかを内側から伝えてはいた。レポートそのものは、些細な情報を寄せ集めたようなものだったが、パワーズが引き続いて行った議会証言はそのいくつかの細部を明確にしていた。

そのレポートからは、エンロンがゆっくりと会計の地獄に堕ちていく姿が浮かび上がってきた。アンドリュー・ファストウについても、すべてのSPEを背後で操る黒幕として描かれているが、まるで何か持ち去るものはないかと調べるために次から次に規則を破っている小さな男の子のようにも映っていた。パートナーシップの組織を通じて、ファストウは自分の懐に四、五〇〇万ドルもの大金を入れていた。

ここでエンロンの早期の投資を思い出していただきたい。一九九三年、カルパースと組んだジョイント・エネルギー・ディベロップメント・インベストメント（ＪＥＤＩ）だ。これは発電用の資産を、エンロンのバランスシートには計上せずに合法的に購入できる仕組みだった。さらに、一九九七年、エンロンはＪＥＤＩⅡという名前で知られるようになる、同種の取引をカルパースと結ぶことを望んだ。しかし、カルパースにとってみれば、最初の取引、ＪＥＤＩが成功裏に完了していることが次の取引に進む条件だった。そこでチューコ（スターウォーズのウーキー族チューバッカからとった愛称）の登場となった。そんな背景の下、チューコはＪＥＤＩＩに投資されていたカルパースの持ち分を買い取り、大儲けをするために設立されたのだった。

パワーズ・レポートによると、チューコを設立するに際して、アンドリュー・ファストウは二つの違反を犯していたが、大きな問題とはならなかった。最初の違反は、エンロンのバランスシートにＳＰＥのことを反映しなくてもいいようにするための対策に関するものであった。規定では、エンロンとは関係のない第三者の出資額が三％以上なければならなかった。チューコはこの規定を満たしているように見せるために設立されたが、実際はそうではなかった。レポートによる第二の違反とは、アンドリュー・ファストウの部下だったチューコの責任者、マイケル・コッパーが、エンロンの取締役会の承認を一つも取っていなかったことだ。もともとアンドリュー・ファストウは自分でチューコを経営しようとしていた。だが、ファストウは自分がエンロンの役員であったため、そうするにはエンロンの取締役会の承認を得なければならなかったし、さらに、SECへの報告書を通じて、一般にも公表しなければならなかった。ところが、マイケル・コッパーが代表者である場合は、彼が（そして、ジェフリー・スキリングも）しゃべらない限り、その実態は世間もエンロンの取締役会も知る術がなかった。この件に関して問題となったのは、ファストウのもう一人の部下が、JEDIの資産のうちどれだけをチューコとエンロンが受け取るべきかを交渉していた点だ。パワーズ・レポートは、アンドリュー・ファストウが影響力を行使して、エンロンが有利な取引をしないように仕向けた、との判断を示している。こうして、チューコにいたファストウの部下は思いがけない利益に与《あずか》り、さらにはファストウ自身が運営するSPEに大きな利益をもたらすための準備ができたのだった。

チューコの逆襲

チューコの取引が終了すると、取引チームの全員には高さが五〇センチもあるチューバッカの頭像が贈られた。しかし、チューコはエンロンに逆襲することとなった。二〇〇一年の一一月、ケネス・レイがエンロンの会計帳簿をきれいに整備しようとしていたとき、かなりの金額を損金として処分しなければならなくなったが、その金額をエンロンのバランスシートにチューコに関係するものとして表示せざるを得なくなったのだ。

チューコに関する問題はいわば単純な規則違反であって、エンロンの本業をそんなに危うくすることなく、簡単に修復することができる類のものだった。だが、パワーズ委員会はなぜファストウ（彼は首謀者として描かれている）が違反をしなければならなかったのかについて、その理由をつきとめることができなかった。チューコはファストウがこれから運営していくSPEの最初の練習台だったのか。ファストウはその後、新たにパートナーシップでLJMをスタートさせることとなった。ファストウは〝スターウォーズ〟を卒業したのか、LJMは、彼の妻、リー（Lea）と二人の子供の名前の頭文字から取った名前だった。これ以降、事態は徐々に個人的な様相を濃くしていった。

LJMとそれよりかなり大規模な後続のLJM2は、それぞれが幾多の取引の資金調達のために設置された。リズムズとして知られる最初のLJMは、資金調達はこんなに大胆にするものだという教材になるほど強引なやり方だった。チューコは金融ビジネスの周辺部を齧《かじ》って資金調達したが、リズムズは正面から調達した。

リズムズはエンロンの実施した最も単純な取引の一つだったが、最も道理に反した取引でもあった。ファストウが実施したことを単純に類推して思い浮かべることは難しい。なぜなら、そのようにして思い浮かんでくるような類推なら道理にかなっているからだ。リズムズはそんな道理とは無縁な存在だった。

一九九八年三月、エンロンは高速のインターネット接続サービス会社、リズムズ・ネットコネクションズの一、〇〇〇万ドル相当の株式を取得した。この株式は、一九九九年の年末までは売却することができない、というロックアップ契約付きだった。一九九九年四月、リズムズは株式を公開し、株価は急騰し、エンロンの持ち株の評価額は三億ドルにまで膨張した。エンロンの会計処理のルールでは、持ち株は毎日値洗いをすることになっていた。つまり、エンロンはこの時すでに二億九、〇〇〇万ドルの利益を計上していたことを意味した。だが、この先株価が下がると、今度は大きな損失を記帳しなければならなくなることが懸念された。エンロンはあと数か月間、リズムズの株式を売却できないため、株価が下落した場合に備えて保険をかけることにした。こんな場合、投資家が採る標準的な保険の方法とは、プット・オプションを購入することである。ある株式についてのプット・オプションは、そのプット・オプションの満期日まで有効な株式の売却価格を、前もって設定しておくのだ。たとえば、リズムズの株価が六五ドルで取引されている場合、エンロンは年末までなら六〇ドルで売却できるプット・オプションを購入する。このオプションでは、契約当初の五ドルの差はカバーされない（保険契約の免責額と考えれば理解しやすい）。しかし、残りは全額が保証される。他のどんな保険契約でも同じだが、免責額が小さければ小さいほど、保険料は高くなる。

エンロンにとっての問題は、保有しているリズムズの株式数が大量で、会社もリスキーであったことだ。ウォールストリートではエンロンが妥当な価格だと判断した額で、このような株式のオプション契約を提供してくれるところはなかった。パワーズ・レポートによると、ファストウがこの問題に対して出した解決策とは、エンロンの株式を資本金に充てて自分で経営する会社を作り、その会社がエンロンにリズムズ株の保険を売る、というものだった。もしその保険を行使しなくともよい場合は、ファストウとそしてエンロン社員のなかから選んだファストウの仲間は、エンロンが支払うプレミアム（オプション料）をたっぷりと手にし、大金持ちになる、という計算だった。もしリズムズの株価が暴落した場合は、リズムズを支えているエンロンの株式が救済に使われる、という算段だ。問題は、リズムズの株価もエンロンの株価も大幅に下落した場合だ。もしだれも（エンロンを含め）救済の手を差し伸べてくれない場合は、その会社は破産する。エンロンは基本的に自分で自分に保険をかけている構図だし、ファストウもその仲間もたくさんの手数料をとっていたため、実際は保険として機能していなかった。

ファストウがこんな仕組みを考え出したこと自体がそもそも無茶苦茶だった。だが、もっと無茶苦茶だったのはその仕組みを承認したエンロンの取締役会およびアンダーセンの会計士、そして顧問の弁護士事務所、ヴィンソン・アンド・エルキンズ法律事務所だった。パワーズ・

レポートは、エンロンの取締役会の承認事項とファストウの実施事項は全く別物だったと指摘する。ファストウがリズムズの取引を進めたＳＰＥであるＬＪＭを設立するにあたっては、エンロンの取締役会がファストウに行動規範の中の免責を付与していた。アンダーセンは後日、監査の技術的な点での誤りを認めた。つまり、チューコのときと同様、今回の取引も外部に十分な株式の流動性がなく、そのことにアンダーセンは気がつかなかったのであって、そのほか何ものでもない、と主張していた。

〝ラプター〟

ＬＪＭの後続はＬＪＭ２と呼ばれ、それはファストウのＳＰＥ展開の最後の仕上げとなるものだった。パワーズ・レポートによると、ＬＪＭ２に組み込まれた取引は四つのラプターだった。ラプターは、映画「ジュラシック・パーク」の恐竜からヒントを得てつけた名称だった。ラプターのモデルはリズムズのなかの取引だったが、それよりは遙かに複雑なスキームだった。リズムズが実在する利益を確保するために虚偽のヘッジを仕掛けたのに対して、ラプターはプロジェクトの損失を隠蔽するために使われたのだ。ラプターを使って消したエンロンの損失額は、総計で一一億ドルにも上った。シャロン・ワトキンズがケネス・レイにメモを書くに至ったのは、彼女がこのラプターの内情に触発されたからだった。

パワーズ・レポートが公表され、議会での調査が本格的に始まった。また、それらを取材するマスコミの報道合戦も加わった。昨年一二月初めの頃の聴聞会での証言は、本件スキャンダルの周辺部に連座した人物に限定されていた。だが、その後エンロンの重役たちに聴聞会で質問をしようとしていた約一〇人の議員にとって、米国憲法修正第五条（黙秘権）が立ちはだかった。民事であれ刑事であれ、この先裁判になった場合、この議会証言は自分たちに不利な証拠として採用されかねないのだ。米国憲法修正第五条は、個人が「証言免責」（証言が裁判で自分に不利な証拠として採用されないようにする司法取引）を得ていない場合においては、自分自身に有罪判決を導かないようにするため、黙秘権を与えている。だが、今回議会はエンロン・スキャンダルに関係する人たちに対し、「証言免責」を付与する理由は何も見つけられなかった。議会委員会で黙秘権を申し立てることは外見上、「有罪」の雰囲気を濃くする。だが、エンロンの大物たち――レイ、スキリング、ファストウ――にとってはあの場合、証言拒否が一番賢明な対策だった、とマスコミに質問された弁護士たちの見方は一致していた。

しかし、二月の聴聞会が始まる前、レイとスキリングは法的に不利なことになろうとも証言をすることにした、という噂と、ファストウが国外に逃亡したという噂が流れた。スキリングは証言をしたが、レイとファストウは黙秘した。ファストウはまだ米国内に留まっていて、証言を拒否する作戦を採ったのだった。レイは一月初めの頃は証言をすることに同意していたが、奇妙な一連の出来事のため、翻意したのだった。

ケネス・レイの妻、リンダ・レイは、ちょうどパワーズ・レポートが公表される数日前、テレビ番組「トゥデー・ショー」に出演し、キャスターのリーザ・メイヤーズの質問を受けた。この一月二八日のインタビューのほとんどの時間、リンダは夫のことを立派で正直者だと涙ながらに擁護した。だが、次の会話が全マスコミの注目を集めることとなってしまった。

リーザ・メイヤーズ——すでに公表されている情報によりますと、あなたのご主人は三億ドル相当の報酬と株式を、過去四年間の間にエンロンから受け取っている、とのことですね。このお金はどうなりましたか？

リンダ・レイ——誰の目にもこれは大金でしょうね。でもね、消えてしまいましたの。何にも残っていないのよ、ほんとに。みんなエンロン株に投資していたの。つまりね、主人に投資していたの。主人が会社を大きくしたの。それで、会社を信じていたのです。よい株でしたのに。

うつろな言葉

エンロンの従業員に降りかかった莫大な額の損失に照らしてみると、リンダが同情を誘おうとした「消えてしまいましたの」という言葉は、うつろに響き、自分と夫に災いとなって戻ってきた。深夜番組のコメディアンや新聞のコラムニスト、そして各界の識者が大はしゃぎでこの言葉を弄《もてあそ》んだ（数か月後、リンダ・レイはヒューストンで〝ジュスタッフ〟という名前の店を開いた。現金を手に入れるため、家にあった骨董品などを売りに出したのだ）。

リンダ・レイがインタビューを受けた一、二日後、二〇〇一年一〇月に行われたエンロン従業員の会合の様子を録音したテープが出てきた。これまた、コメディアンたちの話のネタとなる代物だった。このような会合ではよく実施されるが、ケネス・レイも従業員に質問を紙に書くように頼んでいた。次は、レイがみんなの前で大きな声を出して読んだ質問の一つだ。

あなたがクラック（麻薬）をやっているのかどうか、教えてください。やっているというなら、なるほど、とすべて理解できます。そうでないなら、クラックを始めたらどうですか？　私たちはあなた方をもう信頼することはないでしょうから、シャブでも何でも自由にやってください。

ケネス・レイが米議会上院の商業・科学・運輸委員会で証言する前夜、二月三日のことだった。ケネス・レイの弁護士、アール・J・シルバートは委員会の議長である上院議員アーネスト・ホリングス宛てに書簡を届け、明日レイは証言をしない、と伝えた。シルバートは委員会の様子を「検事が尋問している感じだ」として、その証拠として議会商業委員会の内容を録画したものからいくつか引用していた。そして、ケネス・レイを擁護すべく、シャロン・ワトキンズがその聴聞会で証言することとなった。

主役の証人が欠席のため、上院商業委員会は再度日程等を調整することとなった。また、下院ではエネルギー・商業委員会が二月五日から独自に聴聞会を開始した。そしてその聴聞会の最初の日は、報告書についてウィリアム・パワーズを質問攻めにすることに割かれた。下院委員会は議長がルイジアナ州選出の共和党、W・J・〞ビリー〟・トージンで、彼は他の委員会メンバーと同様、聴聞会で証言することになっているエンロンの何人かの重役から選挙資金を受け取っていた（図表10−1　エンロンの議会工作一覧表を参照）。テレビ中継では、献金を受けていた議員が画面に映るたびに、エンロンからの献金の一覧表が映し出された。ただ、放送局は自分たちがこれらの議員にどれだけ献金をしたのか、あるいはエンロンから広告料金をどれだけ

図表10－1　エンロンの議会工作一覧表

エンロンのロビー活動の支出合計（1997年－2000年）

1997年	1.080（百万ドル）
1998年	1.600
1999年	1.940
2000年	2.030

エンロンからの高額政治献金を受領した議員の合計（1989年－2001年）*

上　院	
民主党（29議員）	110,513（ドル）
共和党（41議員）	417,480
下　院	
民主党（71議員）	257,140
共和党（117議員）	346,348

エンロンから高額の政治献金を受けた上下両院議員（1989年－2001年）

上　院	
ケイ・ベイリー・ハッチンソン（共，テキサス）	99,500（ドル）
フィル・グラム（共，テキサス）	97,350
コンラッド・バーンズ（共，モンタナ）	23,200
チャールズ・E.シューマー（民，ニューヨーク）	21,933
マイケル・D.クラポ（共，アイダホ）	18,689
クリストファー・S.ボンド（共，ミズーリ）	18,500
ゴードン・スミス（共，オレゴン）	18,000
ジェフ・ビンガマン（民，ニューメキシコ）	14,124
チャック・ヘーゲル（共，ネブラスカ）	13,331
ピート・V.ドメニッチ（共，ニューメキシコ）	12,000
ジョン・B.ブローズ（民，ルイジアナ）	11,100
ジョン・マケイン（共，アリゾナ）	9,500
下　院	
ケン・ベンツェン（共，テキサス）	42,750
シーラ・ジャクソン・リー（民，テキサス）	38,000
ジョー・L.バートン（共，テキサス）	28,909
トム・ディレイ（共，テキサス）	28,900
マーチン・フロスト（民，テキサス）	24,250
チャールズ・W.ステンホーム（民，テキサス）	14,439
チェット・エドワーズ（民，テキサス）	10,000
ダグ・ベロイター（共，ネブラスカ）	10,000
ラリー・コンベスト（共，テキサス）	9,820
ジョン・D.ディンゼル（民，ミシガン）	9,000
エドワード・J.マーキー（民，マサチューセッツ）	8,500
アール・ブルメナウアー（民，オレゴン）	8,000

＊　連邦選挙管理委員会（ＦＥＣ）の2001年1月11日のデータに基づく。政治献金合計はエンロン政治活動委員会（ＰＡＣ）および従業員からの献金。合計は最近になって返金された額は減額されていない。

出所：リスポンシブ・ポリティクス・センター

受け取ったのかは明らかにしていない。

委員会では二月六日に学界と実業界の識者によるひとしきりの報告があった後、翌二月七日から本当の白熱したやりとりが始まった。この日の進行は三幕に分けられた。第一幕では、アンドリュー・ファストウ、マイケル・コッパー、そして二人のエンロンの社員がそれぞれ黙秘権の行使を申し立てた。黙秘権を行使するというのは屈辱的で、クリフォード・バクスターが生きていたならそんなことは避けたかったに違いない。案の定、エンロンの役員という立場上、証言拒否をしてそのまま退席させてもらうというわけにはいかなかった。黙秘の懲罰として、彼らは委員会の席で議員が入れ代わり立ち代わり彼らの所業を糾弾するのを、その席でじっと聞いていなければならなかった。それはまるで、彼らが自分を弁護するためにしゃべり出すことを迫っているような光景でもあった。だが、だれも証言席に着こうとする者はいなかった。

第二幕は、アンドリュー・ファストウとジェフリー・スキリングの罪状を暴き立てることに集中した。最初に証言席に着いたのはジェフ・マクマーンだった。マクマーンはアンドリュー・ファストウの部下だったが、ファストウの側近ではなかった。マクマーンはアンドリュー・ファストウが解任されたとき、ファストウの職を襲《おそ》い、その後さらに社長兼COO（最高業務執行責任者）へと昇進していった。マクマーンは、ファストウがSPEの経営に関わったことは利害の不一致に相当すると見てジェフリー・スキリングにその件を報告した、と証言した。マクマーンがこの事実をスキリングに申し立てた当時、彼はエンロンの財務担当で、ファストウの他の部下たちと一緒にいろいろと外部との交渉にあたっていた。マクマーンはスキリングに自分がいかに困難な状況にあるかを訴えた。だが、スキリングと会ってまもなく、マクマーンは左遷されることとなった、と自分で証言した。次の証言はエンロンの顧問弁護士、ジョーダン・ミンツで、彼はスキリングとのやりとりは極めて疲れる仕事だった、とその詳細を語った。利害の不一致ではないかとの疑義を呼んでいるファストウの一件についても、ミンツ弁護士はスキリングに適切な処置をしてもらうことすらできなかった。また、スキリングの署名が必要だとミンツが判断した書類についても承認してもらえなかった、という。また、数件の取引はスキリングの署名なしに進められたが、これについてはなぜこんなことが起きたのか、ミンツからの十分な説明は聞き出せなかった。

昼食の休憩時間の後、この日の第三幕が始まった。みんなが待ち望んだジェフリー・スキリングの登場だった。スキリングは午前の証言者、マクマーンやミンツと対決することとなった。スキリングはマクマーンと会ったのは仕事に関しよくある不満を聞いてあげるためだった、と証言した。また、マクマーンの配置転換は左遷の異動ではなく、むしろ抜擢《ばってき》人事と見るべきだ、と発言した。さらに、ミンツの証言に対しても、すべての取引は自分の承認は不要だった、と応酬した。つまり、スキリングはアンドリュー・ファストウの取引に関しては全く何も知らなかった、というのである。委員会のメンバーは繰り返しスキリングに、聴聞会ではもう少し利口になって細かいことにも回答をしてもらわないと困るんだが、と説得した。これに対してスキリングは、「私は会計士ではない」と断固として反駁《はんばく》した。スキリングの証言のなかで最も珍妙な証言は、彼がある事実を突きつけられたときの発言だった。フロリダ州ウェストパーム・ビーチのホテルで、ファストウのある取引を協議する会合が開催されたが、スキリングはその場に出席していたことが記録されていた。スキリングは、その時ホテルが一時停電となり、誰が部屋に入り、誰が部屋から出ていったのか、分からなかった、と微に入り細を穿って釈明した。ファストウの取引が協議されていたとされるときは、彼はトイレかあるいは携帯電話で話をしており、その暗い部屋にはいなかった、と証言したのである。

スキリングはその日の午後の聴聞会で、エンロンではどの時点でまずいことになってしまったのかについて、自説を開陳した。冒頭、彼は次のように証言した。

エンロンの破綻は、いわば昔ながらの〝取り付け騒ぎ〟が原因だろうと思っている。つまり、会社に対する信用不安が流動性（現預金等）の危機を招来してしまったのだ。エンロンが躓《つまず》いたとき、会社には支払い能力は十分あったし、また、利益水準も相当高かった。そんな状況下、明らかに流動性が失われることとなったのだ。

前にもみたとおり、エンロンは投資適格の格付けを失うだろうという見方がされたことによって、事業基盤が危うくなった。エンロンが再建に向けて動き出したとき、新任の社長マクマーンもエンロンと訣別することとなった。エンロンは何度もその決算書を修正したが、高収益ではなかったどころか、収益が全くなかったのである。実際は、負債が毎日のように積み上がり、借り入れの返済余力は疑わしくなっていた（企業に「支払い能力がある」という場合は、負債を上回る資産があること、つまり企業が借金を返すためにすべてを売り払った場合に、借金を完済してもまだ残りがある状態を指す）。

一方、上院の聴聞会はスキリングの証言に対し不信を表明し、シャロン・ワトキンズを一週間後に喚問し、スキリングの証言と対決させることにした。この委員会ではワトキンズのことを今回の事件のヒロインだ、と持ち上げていた。ミシガン州選出の議員ジョン・ディンジェルにいたっては、ワトキンズを〝類《たぐ》い希《まれ》な、勇気のある女性だ、みじめで暗いエンロン物語のなかで、唯一明るい人物だ〟と評した。ワトキンズは生真面目で、会社のことを心から心配している社員のような感じに見えた。とはいえ、議院の委員会という場に臨んだ彼女について褒めることができなかったことといえば、彼女が勇気を振り絞って直接ジェフリー・スキリングに、またアンドリュー・ファストウにも、対決しなかったこと、また、彼女がケネス・レイを忠実に弁護した点だろう。そんな彼女を見て、ジェフリー・スキリングの弁護士、ブルース・ヒラーは「ワトキンズさんが私の依頼人について陳述した証言はすべて伝聞、噂、あるいは自分の意見に基づいている」と評した。ワトキンズはケネス・レイがスキリングとファストウに騙されていた、と主張したのだった。このとき、ワトキンズからエンロン広報部に宛てた二〇〇一年一〇月二〇日付のe-メールのメモが証拠品の一つとして委員会に提出された。そのe-メールは「証言すべき項目」について述べたものと見られる。メモはまた、いくつかレイにアドバイスをしていた。そのなかにはレイに対し、〃細部についてスキリングとファストウを信頼して任せていたが、自分は信頼した相手を間違った、と証言するように〃とアドバイスしているものもあった。

有名になった最後の言葉

ケネス・レイに対して、上院商業委員会に出席し証言するように、という働きかけは失敗に終わった。しかし、しばらくして彼はやはり、委員会に引っ張り出されることとなった。二月一二日、レイは居並ぶ委員の前で、〃しごき〃の一時間を耐えたが、結局、憲法修正第五条（黙秘権）を行使することとなった。上院商業委員会は、このままでは下院のエネルギー・商業委員会よりも自分たちの存在は影が薄くなりかねないため、二月二六日に上院商業委員会聴聞会を実施することにした。その聴聞会では、ジェフリー・スキリングと、シャロン・ワトキンズおよびジェフ・マクマーンを同じ部屋で対峙《たいじ》させ、スキリングの〝身悶え〟を誘おうとした。だが、この聴聞会では何も新しいことは引き出せなかった。シャロン・ワトキンズはケネス・レイが騙されていたのだ、と依然として思っているようだった。しかし、レイが自分の進言に対し適切に処理しようとしなかったことに対しては、レイに責任があり、ワトキンズはレイの行動に対して〝失望した〟と証言した。さらには、ワトキンズはスキリングの意見にも同意できるものがある、とも証言した。つまり、こう証言したのだ。「私は、会社の倒産は取り付けが原因だった、というスキリングさんの考えは正しい、と思います。」

スキリングは証言席に着くと、上院議員に講義しているような口調で切り出した。彼は〝権利章典（基本的人権の保護）の起草者たちが天から見守っている〟ことを議員たちに思い起こさせ、怒りを帯びた声でこう発言した。

「残念なことに、このように非常に政治化された手続きのなかでは、いわゆる礼儀や良識といったものが全く無視されている。」

スキリングは、委員会メンバーがエンロンの問題を究明しようとするよりも、むしろテレビカメラに向かって演説するほうに配慮していることを、聴聞会を見守っている人たちと同様、見抜いていた。彼は聴聞会の冒頭およびそれに続く証言においても、今や彼のマントラ（〝呪文〟）

となった言葉を吐いていた。

「私は会計士ではない」

第11章

エンロンの物語の終焉

この本は終章を迎えたが、エンロン物語は実はこれからが佳境だ。会社とその経営者は、何十件も訴えられている。ジェフリー・スキリングは上院商業委員会に出席した時点で、すでに三六件の訴訟で被告となっていると証言したが、訴訟件数はその後さらに増加している。また、今後は刑事での立件もあろう。そうして、これからのエンロン物語にはさらなる紆余曲折《うよきょくせつ》が避けられない。また、多くのエンロン・ミステリーもその謎は解き明かされることもないのだろう。ケネス・レイやジェフリー・スキリングは、ファストウの取引をどれだけ知っていたのだろうか？　ファストウはいかにしてそれらの取引の仕組みを考えたのか？　なぜ彼は自分の取引がうまく運ぶなどと考えたのだろうか？　クリフォード・バクスターの死はどんな状況で起きたのか？　エンロンが破綻へと進んでいった過程で他の従業員はどんな役割を担っていたのか？　などなど、謎は多い。

投資家もエンロンで発生したことを見て、投資家としての視点から疑問を抱いた。他にも〝エンロン〟はたくさんあるのだろうか？　他の企業の財務諸表は信用できるのだろうか？　アメリカ連邦政府そのものが巨大なエンロンではないのだろうか？　エンロン病という名の新しい疾病が株式市場を汚染し始めた。エンロンの競争相手やタイコ、ゼネラル・エレクトリック、ＩＢＭといった大企業はエンロンが破綻したあおりで、いずれも厳しい質問を受けることとなった。これらの会社の財務報告書は開示する事柄よりも、隠蔽しておく事柄のほうが多いように見えた。投資家がそれらの企業の株式を手放すと、株価は真っ逆さまに下落していった。株式市場の反響が無視できないほどだったため、多くの企業は投資家に対し、経営状態を追加して開示した。だが、市場は明らかに、さらなる透明さを求めていた。

エンロンがしたことといえば、通常、ほとんどの会社が財務内容を良く見せようとして実施している標準的な慣行だった。ただ、エンロンはこの財務処理の慣行を拡大しすぎて、詐欺のような外観を形成してしまったのだ（詐欺にあたるかどうかの判断は裁判所の専権事項だが）。会計事務所が昔の格式張ったパートナーシップ制の組織から脱却して国際的な巨大企業となり、今やトップパートナーの年収は一〇〇万ドルを超えるまでになっている。つまり、厳格な会計監査業務を追求できるのかどうか、その能力に疑問がもたれているのだ。

企業の財務会計では、小さな会計操作は通常行われていることだが（そんな慣行は一掃すべきだが）、エンロンが行ったことは極端で他の会計疑惑が小さなものに見えてしまうほどだ。これにはエンロンの本拠地がニューヨークやシカゴ、ボストンあるいはサンフランシスコといった古くからのアメリカの金融センターではなく、ヒューストンというローカルなところにあったことも影響した。ニューヨークなどの金融センターのなかでは、そこに働いている人たちの間に強い共同社会意識が生まれている。そこでは、いくつか会社を移ることが自分のキャリアを上げていく典型的な方法となっている。現在の雇い主に不満を持っている能力のある社員の場合は、大抵の場合、地域社会に溶け込んでいた家族の生活を根こそぎ掘り起こして移動することなく、その共同社会のなかで新たな職場を見つけることができる。そこでは、金融関係の会社はどのようにして成り立っているものなのか、ということがすべての人たちに共通に認識されている。いわば社会規範が生まれ、発展しているのだ。みんなは、どんな行動が善いとされ、あるいは悪いとされるのか、日々体験を積んでいく。しかし、この共同社会では不適当なことは発生しない、という意味ではない。それらは発生する。発生するが、エンロンで起きたことよりも、スケールは数段小さく限定されたものなのだ。

エンロンは金融の世界で、孤島を形成した。エンロンには他の会社から移ってきた社員もいたが、新卒を採用することを好んだ。事業を遂行するに際し、エンロンの流儀しか知らない従業員に育てたかったのだ。エンロンで出世の階段を上がり、ヒューストンで生活の基盤をつくってきた従業員にとって、同じような仕事や同じ程度の報酬を他で得ることは難しかった。従業員は他の職場を選ぶこともできず、エンロンで起きていた邪悪なことには目をつぶり、じっと我慢していた。そのほうがずっと楽だったのだ。エンロンで働いていた人にとって、自分たちが極めて異例な状況のなかで働いていることはよく分かっていた。とはいえ、ウォールストリートにもウォールストリートなりの金銭的なスキャンダルは過去に発生しており、これからも大金が絡んでいるがゆえに、スキャンダルは必ず発生するだろう。

次のエンロンをくい止める

エンロン事件はすでに発生してしまったが、同じような問題の発生はどうすれば予防できるのだろうか？　この問いに対する答えは簡単には見つからない。会計という専門職域では、エンロン事件がもたらした〝会計の危機〟に解決策を呈示しようと試みられた。だが、会社のガバナンス（統治）のあり方についての抜本的な改革は、最初から検討の対象外となっていた。現在も操業している国際的な巨大な監査法人は、お金の儲かるコンサルタント業務を手放すことについては消極的であり、また、（証券取引所や政府機関から監査報酬を受け取るのではなく）監査している会社から監査料を受け取る仕組みを変更することについても、乗り気ではない。

エンロンのような事件が発生すると、ビジネス・スクールがすぐにやり玉に挙げられる。これまでに発生したさまざまなスキャンダルの結果、ビジネス・スクールではビジネス・エシックス（企業倫理）の講義を必須とし、カリキュラムの中に入れ、世間の信認を得ようとした。ジェフリー・スキリングがハーバード・ビジネス・スクールにいた当時は、カリキュラムの中にエシックスという科目はなかったが、その当時も、カリキュラムに導入された今でも、状況はあまり改善されていないようだ。学生たちは、この科目は「正しい経営とは」という崇高な観点での学習ではなく、どうすれば捕まらなくて済むかを勉強するもの、と見ているようだ。

金融市場が立脚する経済の基盤は、倫理や道徳の枠外にある。理想的なマーケット――たとえば、ロングターム・キャピタル・マネジメントの金融の第一人者、ロバート・マートンやマイロン・ショールズの理論が立脚しているようなマーケット――においては、個人が自分の利益を追求すると、それが全体の利益に繋がる仕組みとなっている。社会主義の衰退は、ほとんどの経済的事象の判断を市場メカニズムに委ねておく考え方は健全だ、ということを示した。だが、マートンやショールズがＬＴＣＭの破産を通じ、身をもって体験したとおり、マーケットは完全に機能するわけではない。

マーケットは伝統的にこんな見方をしてきた。つまり、人々が何を選ぶべきかを決めるのは人々の私利私欲であるが、人々はマーケットのルールを破るようなことはしないのだ、と。通常の盗みは明らかにマーケットのルール破りだが、エンロンが二〇〇一年一〇月に利益について修正報告をしたとき認めた財務報告についてのごまかしも、マーケットに対するルール違反である。一つの経済体制においては、ある一定程度の〝罪と罰〟の仕組みをそのなかに組み込むことができよう。だが、ほとんどが正直な人で構成されている社会でないと、マーケット・メカニズムが効果的に機能することはできない、と考える学派も増加している。ビジネス・スクールに行く年代になってから、「適切な価値とは」を教えても手遅れなのかもしれない。

企業活動に対しどれだけ政府が介入すべきかを巡って、保守的な人と自由主義的な人とでは、意見は一致しないだろう。だが両派とも、倫理的ではない、また、非道徳的なビジネス環境では、企業はその機能を適切に発揮できないという点では一致するであろう。経済学の研究やそれらの金融市場への応用に関していえば、個人や企業をこれまでのように単に快楽を追い求めるコンピュータのように扱うことを今はもうやめている。

社会資本

経済学者、政治学者、そして社会学者は、現代の経済がその機能を発揮するにあたっての〝社会資本〟の重要性をこれまで協力して説いてきた。社会資本は例えていえば、家族、宗教団体、民間団体、社会活動の諸団体など、いわば人と人を結びつけるウェブ（網の目）と見ることもできる。ある経済に社会資本が十分に蓄積されると、経済の仕組みがうまく機能するためのルールがより忠実に順守されるようになる。したがって政府は、その政策的な意図がどうであれ、ある政策が社会資本の蓄積に与える影響について常に考慮しておくべきなのである。

経済学者のなかには心理学者、生物学者とともに、マーケットのそれぞれの局面で人はいかに行動するのかを研究し、その研究成果をマーケットの機能改善のために利用しようと取り組んでいる人たちもいる。また、そもそも金融市場が構築されている前提そのものが間違いであることを示唆するしっかりとした証拠も管理されているマーケットにおいてみられる。これらの間違った前提が金融市場の行きすぎたボラティリティー（有価証券の価格、金利などの変動性）を誘発させていると解釈されているようだ。

マーケットとそこで取引をする個人は不完全なものかもしれないが、今回のエンロン事件に対するマーケットの反応は、マーケットはいくらでも強力になれるということを見せつけた。ジェフリー・スキリングやシャロン・ワトキンズは、マーケットは〝取り付け〟によってエンロンを過度に罰したと考えているが、しかしこの反応はマーケットが単にその公正さの基準を適用したにすぎない。マーケットの怒りを買うことを恐れていた他の会社は、会計の専門家たちや政府による十分な審議も経ないうちに、すぐに公表に前向きとなった。エンロンから得られた本当の教訓とは、〝マーケットによって生きる者はマーケットによって滅亡させられる〟こともあるということだ。

主な登場人物

以下はエンロンの破綻に関与した人物について、その背景の事情も加えて作成した〝人物ガイド〟である。ここで解説した人たち全員が本書に描かれているわけではないが、本書に登場しなくとも、これまでに何度もニュースに出てきた名前も含まれている。今後は、誰がどんな人物なのかについてある程度知識を得たうえで、ニュースに接したいと思っている人にとっては、役立つことと思う。

出演者（主演）一覧

ケネス（ケン）・レイ（Kenneth Lay）■

エンロンの前会長兼CEO（最高経営責任者）。一九四二年四月一五日、ミズリー州タイロー ン生まれ。ミズリー州の田園地帯で育ち、ミズリー大学で経済学学士、同大学大学院で経済学修士の学位を得る。レイがエネルギー・ビジネスとの関わり合いを持つようになったのは、一九六五年にテキサス州ヒューストンで現在のエクソンモービルの前身の会社にエコノミストとして入社したことがきっかけである。その後、同社、その他で働きつつ、ヒューストン大学で経済学のPh・D（博士号）を取得する。

さらにその後、ワシントンDCに移り、海軍士官として数年を過ごすが、そのとき連邦エネルギー規制委員会や内務省で連邦政府のエネルギー政策に取り組んだ。当時レイはジョージ・ワシントン大学でも助教授を務めていた。

その後、レイは再び民間企業に戻り、フロリダ・ガス会社（現在のコンチネンタル・リソーセズ・カンパニー）の社長へと出世する。さらに、トランスコ・エネルギー・カンパニーに社長兼COO（最高業務執行責任者）として移る。一九八四年六月になると、レイはトランスコを辞し、ヒューストン天然ガスの会長兼CEOに就く。ヒューストン天然ガスがインターノース社に買収された後の一九八五年七月に、レイは同社の会長兼CEOとなり、翌年二月には同社は社名をエンロンとする。レイは二〇〇一年二月にCEOを退任するが、二〇〇一年の八月にはジェフリー・スキリングの辞任に伴い、再びCEOとなる。しかし、二〇〇二年一月には、会長、CEOともに辞任し、その数か月後、取締役会メンバーも辞任する。

レイはエンロンのトップであった期間中には——特にヒューストンで——慈善活動をしたことで有名だった。また、彼は共和党および民主党の両党へ選挙資金を提供し、両党の地元および全国レベルでの政治活動委員会（米国の政治献金制度では、一人の候補者に対する個人献金の限度額は一、〇〇〇ドルとしている。これに対し、政治活動委員会は一人の候補者に対して五、〇〇〇ドルまで献金可能）に対し多額の献金をしていた。

ジェフリー・スキリング（Jeffrey Skilling）

エンロンの前CEO（最高経営責任者）。一九五三年一一月二五日、ペンシルベニア州ピッツバーグ生まれ。一〇代の頃から、兄弟であるトーマスと一緒にイリノイ州オーロラのテレビ局で、チーフ・プロダクション・ディレクターとして働いていた。その兄弟は長じてシカゴのテレビ局で天気予報を担当することになる。子供の頃のスキリングは活発で、背骨をはじめ、よく骨折をした。

スキリングはサザーン・メソジスト大学の応用科学科を卒業し、ヒューストンにあったファースト・シティー・ナショナル・バンク・オブ・ヒューストンの経営企画室で働き始めた。その後ハーバード・ビジネス・スクールに入学し、ベーカー・スカラー（成績最優秀者）として一九七九年に卒業する。

スキリングは大学院を修了すると、マッキンゼー・アンド・カンパニーに入社し、そこでシニア・パートナーとなる。スキリングはマッキンゼーでコンサルタントして長期にわたりエンロンとの関わりを続けるが、やがて一九九〇年にエンロンのトレーディング事業の責任者となるために同社に入社する。一九九六年一二月にスキリングはエンロンの社長兼COOに任命され、二〇〇一年一二月にはCEOになる。だが、二〇〇一年の八月には〝一身上の都合〟で突然辞任する。

エンロンは、事業の軸足を長年操業してきた天然ガス・パイプライン輸送業務からニューエコノミーのトレーディング事業へと移していったが、スキリングがこの構造改革を推進した本人だと目されている。また、スキリングは細かいことにこだわる性格で、万全の注意をもってエンロンを有力会社へと変貌させた、とも評されている。二〇〇二年二月の米議会上下両院の委員会においては、利益を膨らませ負債を隠すためにエンロンが設立したSPE（特別目的事業体）については、その詳細や不正行為について彼は何一つ知らなかった、と証言している。

アンドリュー・ファストウ（Andrew Fastow）

エンロンの前CFO（最高財務責任者）。一九六一年一二月二二日、ワシントンDC生まれ。子供の頃はニュージャージー州の郡部で育ち、タフツ大学へ進む。そこで将来の妻となる、リー・ウェインガーテンに出会う。リーの父親は、ヒューストンでスーパーマーケット・チェーンや不動産会社を所有していた。ファストウはタフツ大学では経済学および中国語を専攻し、続いてノースウェスタン大学のケロッグ経営大学院に進む。一九八六年に卒業すると、シカゴのコンチネンタル・バンク・コーポレーションに就職し、資産の証券化ビジネスではその銀行で指折りの専門家となる。一九九〇年にはエンロンの子会社、エンロン・キャピタルがファストウを雇用するが、そこでジェフリー・スキリングと出会う。一九九六年になると、ファストウはエンロンが電力小売り市場へ参入する際のリーダーとなり、やがて一九九八年、三七歳の若さでCFOとなる。大企業の財務のトップとしては異例の若さだった。

ファストウは資産の証券化に関する該博な知識を駆使し、エンロンのCFOとして、新しいタイプのSPEを考案する。ファストウ自身がこれらのSPEの運営に参画したこと、およびその適法性についての疑問が二〇〇一年一〇月に彼を辞任に追い込んだ原因となった。ファストウは公の場でエンロンの破綻に関する自分の責任については言及したことがない。また、エンロン問題を審議している議会委員会の場でも証言を拒否している。

シャロン・ワトキンズ（Sherron Watkins）

二〇〇二年一月、ワトキンズがケネス・レイ会長にメモを提出していたことが世間に知られることとなり、彼女の存在がにわかに注目を浴びた。だがその時までは、ワトキンズはエンロン社内でも比較的目立たない法人顧客開発担当の一部長だった。テキサスのカントリー・

ミュージックのシンガーであるライル・ロベット（ジュリア・ロバーツの元夫）はまたいとこ。ワトキンズは、テキサス大学、同大学院で会計学の学士、修士の学位を取得している。

一九八二年、ワトキンズはアーサー・アンダーセン（後のアンダーセン）会計事務所に入り、初めの頃はヒューストン、その後ニューヨークで勤務する。一九九〇年、ニューヨークにあったメタルゲゼルシャフトという会社に勤めるため、ワトキンズはアンダーセンを離れる。しかし、メタルゲゼルシャフトは一九九三年に重大な財務危機に陥り、ちょうどその年、ワトキンズはエンロンのアンドリュー・ファストウの下で働くこととなる。ヒューストンに戻った彼女は、ＪＥＤＩとして知られているファストウの最初の本格的なＳＰＥの運営に当たった。その後エンロン本社でさまざまな部署を回った後、二〇〇一年六月、ＣＦＯとなったファストウの下で働くことになった。

ファストウの下でのワトキンズの仕事は、キャッシュを生み出すために売却できる資産を探すことだった。この仕事をしている間に、ラプターの取引に関する異常性に気付く。そしてスキリングが辞任した直後、懸念を表明したメモをケネス・レイに宛てて書くことになった。メモを書いてまもなく、ワトキンズはファストウのグループから外され、人事部付けとなる。これらの異常な会計処理は金融市場に知られることとなり、エンロンはそれによって真っ逆さまに崩落していった。エンロンが破産宣言をした後も、またワトキンズ自身が議会でエンロンの経理を正常化するために自分がしたいろいろなことについて証言した後でも、ワトキンズはなおエンロンで働き続けていた。

ジョン・クリフォード（クリフ）・バクスター（John Clifford（"Cliff"）Baxter）■

一九五八年、ニューヨーク州アミティービル生まれ。ニューヨーク大学に入学し、ついで米空軍に入り、一九八〇年から八五年にかけて空軍大尉であった。その後、コロンビア大学ビジネス・スクールに入り、一九八七年にＭＢＡを取得。一九九一年にエンロンに入る前には投資銀行に勤務していた。エンロンではいくつかの要職に就いた後、二〇〇〇年一〇月に副会長となる。副会長となって数か月後の二〇〇一年五月、エンロンのプレスリリースによると「もっと家族と過ごす時間を持つために」彼は辞任した。バクスターは、アンドリュー・ファストウのＬＪＭ関連の取引に業を煮やしており、ジェフリー・スキリングにこの件ではしきりに文句を言っていた、と伝えられている。

クリフ・バクスターがエンロンを辞めたことは、エンロン社内でも彼をよく知り、尊敬していた身近な人以外は注目しなかった。経済紙もおおむね彼を無視していたが、彼が二〇〇二年一月二五日の早朝、テキサス州シュガーランドの自宅近くの道路の中央分離帯沿いに止まっていた自分の車の中で発見されたときは一斉に報道した。当初はピストルによる自殺と見られたが、筆跡を隠すブロック体文字の未署名の遺書、その他彼の死にまつわる状況は、自殺説に疑問を投げかけている。

レベッカ・マーク (Rebecca Mark)

アズリックスの元CEO。アズリックスはエンロンからスピンオフした会社で、世界規模で水道のマーケットを事業化する予定だった。マークは一九七七年にベイラー大学大学院で国際経営の修士号を取得。エンロンの前身の会社の一つに入社する前、マークはヒューストンのファースト・シティー・ナショナル銀行に勤務。また、エンロンにおいてマークは、一九八七年にドミニオン・リソーセズに一部売却されることになる電力部門にも一時籍を置いていた。その後二年間、マークはエンロンでパートタイマーとして働きながら、ハーバード・ビジネス・スクールでMBAを取得する。一九九一年、マークはエンロンのグループ会社の一社で、世界中でめぼしい資産を取得することを事業目的としていたエンロン・デベロップメント・コーポレーションの会長兼CEOとなる。この仕事では、マークはまさに伝説的な働きをする。交渉相手としては極めて攻撃的で、エンロンのために自家用ジェットで世界中を絶え間なく移動して回り、〝マーク・ザ・シャーク〟というニックネームをもらっていた。マークのもっとも知られた仕事は一九九六年に彼女が救済に乗り出した、インドでのダボール電力開発プロジェクトだった。一九九八年、マークはエンロンの副会長に任命される。

一九九八年、〝ビジネス2・0〟という雑誌がマークを〝もっともパワフルなアメリカ実業界の女性〟の一四番目にランクした（〝カリスマ主婦〟として知られるマーサ・スチュワートより三つ下のランク）。また、フォーチュン誌を含めたその他の経営誌から同様の賞を受賞している。

マークはアズリックスを一九九九年にスタートさせたが、株式公開が失敗に終わったり、いくつかの案件で挫折を味わうなどして、二〇〇〇年八月には辞任した。エンロンのために彼女が獲得した資産の多くは、ダボールの発電所プロジェクトを含め、その多くが獲得の目的であった利益を生み出せなかった。

その他助演

レイ・ボーエン（Ray Bowen）

エンロンの破産申請後の現在、取締役副社長兼CFOを務める。

リチャード・B・バイ（Richard B. Buy）

エンロンの前取締役副社長でリスク管理担当役員。二〇〇二年二月一四日、パワーズ・レポートが提出された後、エンロン取締役を退任。

リチャード・A・コージイ (Richard A. Causey) ■

エンロンの前取締役副社長でCFO。二〇〇二年二月一四日、パワーズ・レポートが提出された後、エンロン取締役を退任。

スチーブン・クーパー (Stephen Cooper) ■

破綻後のエンロンで、CEO臨時代行兼「エンロン再建委員長」を務める。

ジェームズ・V・デリック・ジュニア (James V. Derrick Jr.) ■

エンロンの前取締役副社長で顧問弁護士。一九九一年六月に就任し、二〇〇二年三月一日に辞任。

マーク・A・フレバート (Mark A. Frevert) ■

二〇〇一年八月二八日、経営陣を支えるため、エンロン副会長に昇進。二〇〇一年八月一四日にスキリングが辞任すると、レイおよびウォーリー(後出)の会長室チームにも部分的に参加。現在、ＵＢＳウォーバーグが取得したエンロンのトレーディング事業に参加している。

ベン・グリサン（Ben Glisan）

エンロンの前財務部長で会計士。マクマーン（後出）財務部長の後任としてこのポストに就く。最終的に利益とエクイティー（自己資本）について訂正報告を求められた二つの取引――チューコおよびラプター――に参画する。現在、司法省の調査に協力している、と伝えられている。

マイケル・Ｊ・コッパー（Michael J. Kopper）

エンロン・グローバル・ファイナンスの前マネージング・ディレクター（常務取締役）。控えめな性格ながら、アンドリュー・ファストウとともに疑わしいパートナーシップを組み、何百万ドルも稼ぐ。

ジェフ・マクマーン（Jeff McMahon）

二〇〇二年四月一九日に、与信管理・債権回収会社などからの圧力によって辞任するまで、破綻後のエンロン社長兼ＣＯＯを務めた。スキリングがＣＥＯの職にあったとき、エンロンの財務部長を務め、後にスキリングによってインダストリアル・マーケットというエンロンのグループ会社の会長兼CEOに任命される。

ルー・パイ（Lou Pai）

エンロン・キャピタル・アンド・トレード・リソーセズの前社長兼COO。一九九七年三月に、エンロン・エネルギー・サービシーズ（EES）の会長に任命される。天然ガス小売り事業や電力マーケットに競争原理が導入されたとき、EESはエンロン・グループの別組織としてそれらの事業を推進するために作られた。

ウイリアム・C・パワーズ・ジュニア（William C. Powers Jr.）

テキサス大学法科大学院の学部長。エンロンの特別調査委員会の議長になるため、二〇〇一年一〇月三一日に取締役に着任。パワーズ・レポートが完成すると、二〇〇二年二月一四日に取締役を退任。

ジョゼフ・W・サットン（Joseph W. Sutton）

一九九九年七月、エンロンの副会長に就任。レイやスキリングのチームに加わる。その前は、エンロン・インターナショナルの会長兼ＣＥＯ。二〇〇〇年一一月、エンロンから離れる。

ローレンス・G・ウォーリー（Lawrence G. Whalley）

短期間だが、エンロンの社長兼ＣＯＯに就任していた。ＵＳＢウォーバーグがエンロンのバイアウトを進めるに際し、ＵＳＢウォーバーグより提示されたポストに就く。スキリングの辞任後、二〇〇一年八月二八日にマーク・フレバートとともにエンロンの取締役に就任。

トーマス・ホワイト（Thomas White）

一九九八年から二〇〇一年五月まで、エンロン・エネルギー・サービシーズの副会長。ブッシュ大統領によって陸軍長官に任命されるが、いまだエンロン問題の疑惑の渦中にある。

その他

モーリーン・カースタネーダ（Maureen Castaneda）

前エンロンの重役。エンロン社内で書類をシュレッダーにかけることは、ヒューストン本部で感謝祭の後に始まった、と主張する。

デビッド・ダンカン（David Duncan）

二〇〇二年一月に解雇されるまで、エンロンの会計監査を実施していたアンダーセンの主任会計士。

ナンシー・テンプル（Nancy Temple）

アンダーセンの弁護士。アンダーセン・ヒューストン事務所に対し、一〇月一二日のe-メールにおいて、書類を破棄することを強く要請している。

チャック・ワトソン（Chuck Watson）

ダイナジーの前会長兼CEO。二〇〇二年五月二八日に辞任。

エンロン取締役メンバー（倒産前）

ロバート・A・ベルファー（Robert A. Belfer）

ノーマン・P・ブレーク・ジュニア（Norman P. Blake Jr.）

ロニー・C・チャン（Ronnie C. Chan）

ジョン・H・ダンカン（John H. Duncan）

ウェンディー・L・グラム（Wendy L. Gramm）

ロバート・K・ジェーディック（Robert K. Jaedicke）

チャールズ・A・ルマイストル（Charles A. Lemaistre）

ジョン・メンデルソン（John Mendelsohn）

パウロ・V・フェラーズ・ペレイラ（Paulo V. Ferraz Pereira）

ウィリアム・C・パワーズ・ジュニア（William C. Powers Jr.）

フランク・サベッジ（Frank Savage）

ジョン・ウェイカム（John Wakeham）

ハーバート・S・ウィノカー・ジュニア（Herbert S. Winokur Jr.）

現在のエンロン取締役

ロバート・A・ベルファー（Robert A. Belfer）

ノーマン・P・ブレーク・ジュニア（Norman P. Blake Jr.）

ウェンディー・L・グラム（Wendy L. Gramm）

ジョン・メンデルソン（John Mendelsohn）
フランク・サベッジ（Frank Savage）
レイモンド・S・トローブ（Raymond S. Troubh）
ハーバート・S・ウィノカー・ジュニア（Herbert S. Winokur Jr.）

エンロン年表
～パイプラインを通して見る～

一九八〇年代

八〇年代に入ると、天然ガスに関係する法令・規則が新しく制定され、マーケットのメカニズムによって天然ガスの価格が決められる仕組みが徐々に形成されていく。たとえば、次のような法令が施行された。連邦エネルギー規制委員会（ＦＥＲＣ）命令第四三六号（一九八五年）では州際で天然ガスを輸送する一般パイプライン業務を全面解禁。同四五一号（一九八六年）では油井の規制撤廃、同四九〇号（一九八八年四月）では天然ガスの売却、購入についてそれまでのＦＥＲＣの許可制ではなく、生産者、パイプライン輸送業者、他に広く認めるようになる。これらの諸命令が施行された結果、天然ガスの売上げの七五％がスポット・マーケット（現物商いの当用市場）で行われるようになる。そしてこれが今までには見られなかった価格の乱高下を招くこととなる。長短両限月のコントラクトにおいてリスクが転嫁された商品の市場投入、あるいは固定あるいは変動価格での天然ガスの受け渡しシステムなどの開発が急務となっていく。

この年表は著者自身の取材・調査、またエンロンのホームページにあった年表、〝エンロン・マイルストーン（一里塚）〟といった複数の情報源から構成した。また、二次的な文献では、ヒューストン・クロニクル紙、ワシントン・ポスト紙、ＵＳニュース＆ワールド・レポート誌、ＢＢＣ、フィナンシャル・タイムズ紙、そして〝パワーズ・レポート〟を参考にしている。

1984
ケネス・レイがヒューストン天然ガス会社の会長兼CEOとなる。
1985
レイはヒューストン天然ガス会社と、天然ガスのパイプライン会社であったインターノース社の合併を企てる。合併後しばらくして、レイは新会社の役員を抱き込み、自分が会長となる。
後にレイ会長の次の地位、すなわち社長兼COOとなるナンバー2のリチャード・キンダーはこの時からレイと緊密な関係を保つ。
1986
会社は社名をエンロンとする。本社をレイの自宅のあるヒューストンへ移転。このとき、エンロンは天然ガス会社であり、石油会社でもあった。
1987
エンロン・グループの一社で、業績が好調の石油事業会社であったエンロン・オイルは八、五〇〇万ドルの損失を〝8－Kファイリング〟(重大な事象が発生した場合にSECに提出する臨時報告書)で報告する。だが、実際の損失額は一億四、二〇〇万ドルから一億九、〇〇〇万ドルに達し、その真相は一九九三年まで伏せられていた。エンロン・オイルの二人の重役は共謀して詐取を図ったこと、ならびに税金の還付のため虚偽申請をしたという罪状を認めている。そのうち一人は刑務所に服役。
1988
天然ガス・マーケットの規制緩和が継続し、エンロンはビジネス戦略を二方面で展開する。すなわち、天然ガスの現物の供給事業と、ガス・バンク事業という資金調達・リスク管理

1989

サービス事業の両業務に軸足を置くようになる。

エンロンはこの年、英国のエネルギー市場に参入。英国が電力事業を民営化してから米国企業としては初めて英国内で発電所（ティーサイド）を建設する。


ガス・バンク事業が本格的にスタート。これにより、生産者、卸業者が一定の価格で天然ガスの供給を受けられるようになった。ガス・バンクの手法では、顧客の注文に合わせて組成した現物のコントラクトと金融先物などデリバティブ商品とを組み合わせて、価格変動をヘッジする。

エンロンは石油および天然ガス生産者の資金調達をサポートする。

エンロンがオーナーであるトランス・ウェスタン・パイプライン会社は天然ガスの販売から撤退し、全米で初めて輸送専門の商用パイプライン会社となる。

1990

エンロンはアメリカで展開していた天然ガス事業を海外へも拡大する計画を立てる。

さらにアメリカ市場では天然ガスの値付け業務を開始する。ニューヨーク・マーカンタイル（商品）取引所や店頭市場において、スワップやオプションなど金融商品の先物市場にも参入する。

レイとキンダーはジェフリー・スキリングをマッキンゼー・アンド・カンパニーから引き抜き、エンロンのガス・バンク事業を担当するエンロン・ガス・サービシーズのＣＥＯに任命する。エンロン・ガス・サービシーズはやがてエンロン・キャピタル・アンド・トレード・リソーセズ（ＥＣＴ）に生まれ変わる。

今度はスキリングがアンドリュー・ファストウを銀行から引き抜く。ファストウはECTの経理担当の役員からスタートし、すぐに出世する。

1991

エンロンはウォールストリートにあった〝ルールブック〟からもう一ページを引きはがし、〝マーク・トゥ・マーケット〟（値洗い方式）の会計処理を模倣し、自社でも採用。収入と資産の価額は取替原価で算出される。ファストウは、簿外でパートナーシップ制の組織をいくつか作ることとなるが、その最初の合法的な組織を設立する。後になってこの簿外のパートナーシップとその取引が、損を出しているベンチャーの実体を隠したり、利益の水増しに利用されることとなる。

1992

エンロンはトランスポータドーラ・デ・ガス・デル・スル社を取得し、〝エネルギーネットワーク構想〟を世界規模で推進する準備を始める。この構想には天然ガスのパイプライン、電力、天然ガス、商品取引の卸業、その他エネルギー関連サービス業などの事業が含まれる。政府は引き続き、規制緩和を拡大する。一方、エンロンは天然ガスの現物輸送と取引関係の両事業を明確に分離して、事業を展開する。また、エネルギー関連、電力関連の値付け事業においては、エンロンは現物の受け渡しにリスク管理をパッケージ化したサービスを提供することが可能となる。

1993

エネルギー関連の取引を規制する連邦委員会の委員長であったウェンディー・グラムがエンロンの取締役となる。グラムが商品先物取引委員会（CFTC）の委員長であった任期中に、スワップ絡みのエネルギー関連商品はＣＦＴＣの監督下から外されることとなった。そのため、エンロンは店頭デリバティブ市場へ本格的に参入することができた。
エンロンの英国ティーサイド電力発電所が稼働し始める。ここは世界最大の天然ガス燃焼式の発電所となった。

1994

エンロンとカリフォルニア州公務員退職年金基金（カルパース）が共同エネルギー開発投資パートナーシップ（ＪＥＤＩ）を設立。カルパースは世界最大の年金基金の一つ。ＪＥＤＩは天然ガスのプロジェクトに投資するために設立された。

1995

アメリカで電力マーケットの規制が大幅に緩和されると、エンロンは電力のトレーディングを始める。エンロンはすぐに全米最大の電力の販売業者となる。
エンロンはロンドンでトレーディング・センターを開設し、英国でも電力、ガスのトレーディングを始める。エンロンは英国でも天然ガス、電力の取引ではすぐに最大の業者となり、欧州でも有力となる。

1996

卸売用電力の送電について、米国では規制が撤廃される。
エンロン・オペレーションズ・コーポレーションの共同会長でＣＥＯのレベッカ・マークに率いられ、エンロンはゼネラル・エレクトリック、ベクテルとともに二〇億ドルの建設費が必要なインドのダボール発電所工事を開始する。これはインド初の、輸入した液化天然ガスを燃焼させる発電プロジェクトとなった。レベッカ・マークは一九九七年一月にはエンロ

ン・インターナショナルの会長兼CEOに就任する

リチャード・キンダーがエンロンの社長兼COOを辞し、自分の会社をスタートさせる。レイは一九八六年以来会長兼CEO。この年、キンダーに替えてジェフリー・スキリングをエンロンの社長兼COOに選任する。スキリングはエンロン・グループのなかの有力な稼ぎ手であるエンロン・キャピタル・アンド・トレード・リソーセズの社長も引き続いて兼務。

1997

エンロンは英国サットン・ブリッジでもう一つの主要発電所の建設を開始。

英国での電力供給契約であるJブロック契約に関しての紛争は、すべて決着した、と公表。第2四半期には税引き後の一時的費用として四億五、〇〇〇万ドルを計上する。

エンロンはエネルギーのトレーディング・モデルを他の商品マーケットにも応用し、天候デリバティブ商品を扱い始める。また、石炭、紙・パルプ、プラスチック、金属、バンドウィドスなど、幅広く市場を開設する。

エンロン・エネルギー・サービシーズ(EES)が発足。ルー・パイがCEOに就任。商業および製造業の顧客向けに、エネルギーの現物の受け渡しとリスク管理をパッケージにしたサービスを提供。EESは最初の取引を一九九八年になって実施、その後二年間でほぼ二、〇九〇億ドル相当のコントラクトを取り扱う。

エンロン・グループのノーザン・ナチュラル・ガス・パイプラインが五年間で事業規模を市場の限度一杯まで拡大する計画を実施に移す。この計画では、一日当たりの天然ガスのパイプライン輸送量を三、五〇〇億立方フィート増加させることとなる。

エンロンはカルパースの所有するJEDIのパートナーシップの出資金を買い取る方針を

決定。そうすれば、カルパースにもっと大型のパートナーシップに参画してもらうことができるため。

エンロンはチューコを設立し、カルパースのＪＥＤＩへの出資分を買い取ったが、そのパートナーシップは簿外で管理。エンロンはチューコも独立した事業体として簿外にしたかったが、三パーセント・ルール（外部の出資比率が三％以上なければならないというルール）をクリアーすることができなかった。それにもかかわらず、チューコは簿外で扱われていた。

1998

エンロンは企業向けインターネット接続プロバイダーのリズムズ・ネットコミュニケーションズ社に一、〇〇〇万ドルを出資する。

その後、リズムズは公募価格二一ドルで株式を公開。上場初日には六九ドルまで上昇。同社へのエンロンの投資一、〇〇〇万ドルはたった一年で三億ドルの含み益に化ける。

エンロンは英国ウェセックス・ウォーター（水道事業会社）を買収し、アズリックスとしてスタート。レベッカ・マークが新会社のＣＥＯに就任。

スペインとドイツ両国が国内の電力規制法令のもとで、新規に市場に参入した企業として初めての事業免許をエンロンに交付。

エンロンのアメリカにあったノーザーン・ボーダー・パイプライン会社が第三次にあたる、それまでのなかでもっとも大規模な拡張計画を完了。このプロジェクトでは、アイオア州からイリノイ州を結ぶ三九〇マイルの天然ガス・パイプラインを敷設した。

1999

ニュー・ヒューストン・アストロズ・ベースボール・スタジアム（アストロズ球場）がエ

ンロン・フィールドと名称を変更（期間三〇年、総額一億ドルの契約）。グループ会社のエンロン・エネルギー・サービスも球場と三〇年契約で電力などの供給・管理などの仕事を受託（二〇〇二年二月、ヒューストン・アストロズ球団は契約を解消、エンロン・フィールドという名称は消えた）。

エンロンはブロードバンド・マーケットへ投資し、バンドウィドス（通信容量）のトレーディングを始めるため、エンロン・ブロードバンド・サービス（ＥＢＳ）を設立。

ＥＢＳはインターネットで商品の受け渡しを管理するプラットフォームである〝エンロン・インテリジェント・ネットワーク（ＥＩＮ）〟を発表。

エンロンのインドにあるダボール発電所は世界最大規模の天然ガス燃焼式発電施設となる。ただし、法的に未解決の問題を抱え、操業状態も極めて悪かった。

商品をインターネットで取引するためのＢ２Ｂ用プラットフォーム、エンロン・オンラインがスタート。二年以内に、このサイト経由の取引が一日当たり六、〇〇〇件、取扱高二五億ドルとなり、Ｂ２Ｂでは世界最大規模に発展する。

エンロンの水道事業のグループ会社、アズリックスは新株を公募し、株式を公開する。

エンロンの取締役会はＣＦＯであるファストウを二つのＬＪＭのゼネラル・パートナーに任命する。この役職兼務は「利害の不一致」に該当する部分もあり、取締役会の承認が必要だった。最終的にＬＪＭパートナーシップは、エンロンが手を出して失敗したベンチャーの損を隠す〝廃棄物処理場〟のような役目を果たすこととなる。またＬＪＭでの取引は、エンロンの決算を一〇億ドルも膨らませ、ファストウと共同出資者をたくさん儲けさせる結果となった。

2000

2月

エンロンとLJMとの最初のヘッジ取引が行われる。その後数年間、エンロンはLJMと二〇件以上の同種の取引を実施する。

エンロンのボリビアとブラジルを結ぶ天然ガス・パイプラインは工事が完工となり、操業を開始する。この敷設工事はガス・パイプラインとしては南米最大規模の一つ。

エンロンはエンロン・オイル・アンド・ガスへの株式持ち分を処分するが、中国とインドの資産はそのまま所有する。

ファストウはLJM2を設立する。

エンロンは最初のバンドウィドスの取引を完成させる。

EESは四半期ベースで初の黒字を計上する。

4月

フォーチュンが五年連続でエンロンを〝全米で最も革新的な企業〟に選出する。エンロンは、企業がリアル・タイムに与信等の審査を受けられる信用照会サービス、エンロン・クレジット・コムをスタートさせる。

5月

エンロンは問題の多いラプター・パートナーシップの最初の一つを設立する。合計で四つのラプターが作られ、総額一〇億ドルの負債を隠す役割を果たすこととなる。

ベン・グリサンが財務部長となる。彼が担当したリズムズのヘッジが、エンロン役員会メンバーには一種の集団心理も働いて、新鮮に映った模様。

レベッカ・マークがエンロンを辞任。マークのアズリックスでの失敗、その他の取引での挫折は、マークと出世競争をしていたスキリングにとっては、競争に勝つための好機だった。マークは一時、会長室の有力なブレーンにもなったが、結局スキリングに出し抜かれる結果となった。

この年、エンロンはキャッシュを増やすために海外で展開していた資産を密かに処分する。これは、ブロードバンドなど新市場への取り組みを強化するための資金手当てだった。

八月にはエンロンの株価が市場最高値の九〇ドルに達する。アナリストたちはエンロンのブロードバンド事業の将来性について、エンロンのプレゼンテーションに食らいついた格好。これとは逆に、エンロンのトップ経営者たちは、エンロンの持ち株を本格的に処分し始める。

エンロンの売上高が初めて一、〇〇〇億ドル超となる。「フォーチュン五〇〇社」では、第7位の売上高。

エンロンは中小企業および住居地区に対し、電力を供給するニュー・パワー・カンパニーを立ち上げる。スキリングとルー・パイが主要株主。

一九九九年六月にエンロンとLJMの間で行ったリズムズの取引をベースとしたラプターという名称のSPE（特別目的事業体）が設立される。LJM2では外部からの資本を入れ、ラプターがエンロンのバランスシート上で連結されないようにした。エンロンはこれを利用して損失隠しをする。

エンロンはそれぞれラプターⅠ、Ⅱ、Ⅲと、想定元本一五億ドル以上のデリバティブ取引を行う。計算上はこれらの取引からエンロンが得られる利益は五億ドル以上となるが、エンロンがそれらの利益を計上できるのは、ラプターがエンロンに負債をすべて返済してからとなる。

エンロンの二〇〇二年の前2四半期合計（四～九月期）の税引き前利益は六億五、〇〇〇万ドルに上った。だがこのうち、疑問の多いラプターからの〝利益〟が八〇％を占める。また、二つのラプターは――後にワトキンズが気づくが――エンロンに対するヘッジを実行するときの十分な信用力が伴っていなかった。

2001

2月

スキリングがCEOに就く。レイは会長に留まるが、退任や政界進出という観測もあった。

3月

ラプターの取引が再構成され、エンロンの想定損失相当の引当額は、五億四〇〇〇万ドルではなく、三、三六〇万ドルへと減額された。

エンロンとブロックバスターとのブロードバンド取引が三月に破綻。しかし、取引が実際完了していなかったにもかかわらず、エンロンは巧妙に会計操作を実行して、一億一、一〇〇万ドルの利益を記録する。

ラプターの取引に対する信用力は、引き続き低下し、実質的にエンロンのリスクをヘッジする機能を果たさなくなった。この結果、ラプターとの取引による収益は、正確に報告されたものではなくなった。

エンロンは五億ドルの利益について、ラプターの不足分を控除すべきだったと思われるが、それをしないまま計上した。

4月

フォーチュンが、「エンロンの株価は高すぎるか?」と題した長文の特集記事を掲載する。株価は下落を続ける。

エンロンの財務部長、ジェフリー・マクマーンの議会証言によると、マクマーンはCEOのスキリングに心配事を相談した、という。その心配事とは、エンロンとラプターおよびLJMのパートナーシップとの取引、そしてファストウの癒着取引だった。スキリングはマクマーンをエンロン・インダストリアル・マーケットの管理職に異動させた（翌二〇〇二年二月に行った議会聴聞会でスキリングは、二〇〇一年三月一六日のマクマーンとの会合は、そんな話ではなかったと記憶している、と証言した）。

アナリストたちとのカンファレンス・コール（電話会議）で、スキリングは有名となった「お前ら、くそったれめ!」と発言をする。

エンロンは、倒産したカリフォルニアの電力会社、パシフィック・ガス・アンド・エレクトリックに対し、五億七、〇〇〇万ドルの債権があることを報告する。

8月14日

スキリングが個人的な理由でエンロンCEOを辞任する。在任期間、六か月だった。

8月15日

ケネス・レイがCEOに再び就任する。株価は四二ドル水準で取引されていた（だが、利益の内容について不安が高まるなか、株価は四〇ドル台も割り込んだ）。

エンロンで資金調達を担当していた会計士のシャロン・ワトキンズは、匿名でケネス・レイに対し、エンロンで会計疑惑が発生する可能性があることを警告したメモを出す。レイはヴィンソン・アンド・エルキンズ法律事務所を選任して〝予備〟調査を始めるよう依頼する。ワトキンズは八月二〇日、同僚にも同じ懸念を知らせる。

9月
アーサー・アンダーセンがエンロンに対し、強引な会計操作を改めて、一二億ドルに上る自己資本を削減した修正報告を実施するように改善を求める。

10月16日
エンロンはこれまでの投資に関して一〇億ドル以上の償却を実施し、また役員会が承認したファストウのパートナーシップについても数百万ドルを償却する。その修正報告を提出すると、SEC（米証券取引委員会）はエンロンの簿外のパートナーシップについて調査を開始することとなった。
　レイは米財務省に会社の実状を報告する。

10月17日
エンロンは401(k)年金プランの管理者を替える。この処置により、加入者はエンロン株をその後三〇日間売却することができなくなる。エンロンの従業員にとっては、まさにひどい状況となった。

10月24日
ファストウは簿外パートナーシップが問題視されるなか、「休職届け」を提出する。

10月25日
エンロンは、流動性が危機的な状況ではないと投資家に安心してもらうため、一〇億ドルのクレジット・ライン（信用限度枠）を設定。

10月28日

エンロンが特別調査委員会を設置し、第三者の取引を含め調査する。この調査報告書、つまり〝パワーズ・レポート〟は、二〇〇二年二月に公表される。報告書はエンロンの取締役、経営幹部の職務怠慢についても指摘する。

10月31日

SECがエンロンの調査を強化する。エンロンの株価は過去九年間での最安値、一一ドルまで下落。

メディアはチューコの取引には疑惑が濃厚、と報道する。エンロンの取締役会は、業務執行の任にあった経営者に説明を求める。

11月8日

チューコ問題によって、合計一二億ドル相当の評価減が必要となり、エンロンは一九九七年から二〇〇二年にかけて届け出た利益を訂正して、再度報告せざるを得なくなった。エンロンの負債の償還負担は簿外のパートナーシップの件が明らかになると、一層拡大することとなった。

11月9日

エンロンは事態の重大性を認識し、エネルギー会社では最大の競争相手であったダイナジーとの合併に向けて交渉を開始する。

格付けの低下により、エンロンは借入金六億九、〇〇〇万ドルの即時返済義務が発生する。そのもともとの償還予定は二〇〇三年だった。エンロンのさらに深刻な問題が表面化すると、

11月28日　ダイナジーは合併に消極的となり、ついに交渉を止めてしまう。
エンロンの株は一ドル以下になる。

12月2日　エンロンは連邦破産法第一一条（チャプター・イレブン）の適用を申請。清算手続を定めた同法第七条とは異なり、チャプター・イレブンは企業に時間を与えて再建に取り組ませる。
エンロンは四、〇〇〇人の従業員の一時解雇を実施。エンロンの株はもはや価値がゼロへ。
エンロンの前および現従業員は、自分たちは401(k)プランでエンロン株に投資していたが消えてしまったと、公然と苦情を申し立てる。

2002

1月10日　司法省がエンロンに関し、刑事事件として独自の調査をしていることを認める。

1月11日　エンロンのエネルギーのトレーディング事業がUBSウォーバーグに売却される。売却に際してはエンロンは現金は受け取らず、事業収益の三分の一を受け取ることになっている。

1月23日　レイが辞任。

1月25日　政府の調査が本格化するなかで、エンロン前副会長クリフ・バクスターが、死体となって発見される。

2月7日 スキリングの議会証言。

2月12日 ケネス・レイが議会証言。ただし、合衆国憲法修正第五条（黙秘権）を行使。アーサー・アンダーセン監査法人のダンカン、エンロンのファストウ、コッパー、グリサンも以前に黙秘権を行使していた。

2月14日 ワトキンズの議会証言。ケネス・レイへのメモについて述べる。

4月8日 アンダーセンの監査法人としての名声は崩壊し、主要な顧客が離れていった。ここでもレイ・オフが七、〇〇〇人に達した。

4月19日 ジェフリー・マクマーンは六月一日付けでエンロンの社長兼CEOを辞任すると発表。マクマーンはエンロンが昨年一二月に破綻を宣言した後にこのポストに就いていた。エンロンが資金調達するに際し、利益を水増しして負債を隠蔽していた件で、彼の疑惑や責任追及が始まる前にマクマーンは、エンロンを離れた。
エンロンの再建を監督している裁判官は、司法省に対し、エンロンの従業員退職年金プランの管理者からエンロンの幹部社員を外して外部の資金運用専門家を雇い入れることを許可した。

エンロン・ファイル

一般に入手可能なエンロン関連の資料（ファイル）を初めて（いや、何度でも）読むと――エンロン倒産の概略をすでに知ったうえで読む場合は――大いに興味をそそられるものがある。ここでは、シャロン・ワトキンズが書いたケネス・レイ宛ての〝匿名〟のメモから、カリフォルニア州でエンロンが行ったトレーディング事業の戦略を詳述したメモに至るまで、さまざまなものの一部を紹介する。すべてのファイルからはエンロンの物語と、今なおニュース番組で明らかにされつつある主要登場人物像が克明に伝わってくる。

e-メールや手書きメモを再現するときには、そのまま真正な形で読者に提示したほうがよいのか、それとも見やすい活字にして読みやすくしたほうがよいのか、という問題がある。今回このエンロン・ファイルを紹介するにあたっては、「真正さ」のほうを選んだ（原本には全部が掲載されているが、判読しづらいため、訳本ではそれぞれの英文ファイルの初めの一部を転載し、翻訳では要約を付け加える形にした）。このなかのいくつかのファイルは読者の知的欲求を十分に満たしてくれるものと思う。あるいは、エンロンで何が起こり、誰に責任があったのか、ということについて、読者が自分の考えをまとめる際には役立つファイルもあろう。以下では、読者が状況をより深く掌握できるようにするため、関連事項も含めてこれらのファイルの要点を解説した。

ファイル1．シャロン・ワトキンズが書いたことが後になって判明した，ケネス・レイ宛ての“匿名”メモ

このメモは2001年8月15日にケネス・レイの元に届いた，とされている。この日はジェフリー・スキリングが辞任した翌日で，ウォールストリートではスキリング辞任の動機について疑問が持ち上がった。噂ではこのメモは2002年1月12日頃に議会筋にも持ち込まれ，その後すぐに，エンロン破綻は一般の人たちにとって，米国史上最大の倒産劇として映るようになった。さらには，壮大な企業スキャンダルにもなっていった。そして，議会では最初の聴聞会が始まる段取りとなっていく……。

Dear Mr. Lay,

Has Enron become a risky place to work? For those of us who didn't get rich over the last few years, can we afford to stay?

Skilling's abrupt departure will raise suspicions of accounting improprieties and valuation issues. Enron has been very aggressive in its accounting – most notably the Raptor transactions and the Condor vehicle. We do have valuation issues with our international assets and possibly some of our EES MTM positions.

The spotlight will be on us, the market just can't accept that Skilling is leaving his dream job. I think that the valuation issues can be fixed and reported with other goodwill write-downs to occur in 2002. How do we fix the Raptor and Condor deals? They unwind in 2002 and 2003, we will have to pony up Enron stock and that won't go unnoticed.

To the layman on the street, it will look like we recognized funds flow of $800 mm from merchant asset sales in 1999 by selling to a vehicle (Condor) that we capitalized with a promise of Enron stock in later years. Is that really funds flow or is it cash from equity issuance?

We have recognized over $550 million of fair value gains on stocks via our swaps with Raptor, much of that stock has declined significantly – Avici by 98%, from $178 mm to $5 mm, The New Power Co by 70%, from $20/share to $6/share. The value in the swaps won't be there for Raptor, so once again Enron will issue stock to offset these losses. Raptor is an LJM entity. It sure looks to the layman on the street that we are hiding losses in a related company and will compensate that company with Enron stock in the future.

I am incredibly nervous that we will implode in a wave of accounting scandals. My 8 years of Enron work history will be worth nothing on my resume, the business world will consider the past successes as nothing but an elaborate accounting hoax. Skilling is resigning now for 'personal reasons' but I think he wasn't having fun, looked down the road and knew this stuff was unfixable and would rather abandon ship now than resign in shame in 2 years.

(ファイル1．つづき①)

Is there a way our accounting guru's can unwind these deals now? I have thought and thought about how to do this, but I keep bumping into one big problem – we booked the Condor and Raptor deals in 1999 and 2000, we enjoyed a wonderfully high stock price, many executives sold stock, we then try and reverse or fix the deals in 2001 and it's a bit like robbing the bank in one year and trying to pay back it back 2 years later. Nice try, but investors were hurt, they bought at $70 and $80/share looking for $120/share and now they're at $38 or worse. We are under too much scrutiny and there are probably one or two disgruntled 'redeployed' employees who know enough about the 'funny' accounting to get us in trouble.

What do we do? I know this question cannot be addressed in the all employee meeting, but can you give some assurances that you and Causey will sit down and take a good hard objective look at what is going to happen to Condor and Raptor in 2002 and 2003?

Summary of alleged issues:

Raptor

Entity was capitalized with LJM equity. That equity is at risk; however, the investment was completely offset by a cash fee paid to LJM. If the Raptor entities go bankrupt LJM is not affected, there is no commitment to contribute more equity.

The majority of the capitalization of the Raptor entities is some form of Enron N/P, restricted stock and stock rights.

Enron entered into several equity derivative transactions with the Raptor entities locking in our values for various equity investments we hold.

As disclosed, in 2000, we recognized $500 million of revenue from the equity derivatives offset by market value changes in the underlying securities.

This year, with the value of our stock declining, the underlying capitalization of the Raptor entities is declining and Credit is pushing for reserves against our MTM positions.

To avoid such a write-down or reserve in Q1 2001, we 'enhanced' the capital structure of the Raptor vehicles, committing more ENE shares.

My understanding of the Q3 problem is that we must 'enhance' the vehicles by $250 million.

I realize that we have had a lot of smart people looking at this and a lot of accountants including AA&Co. have blessed the accounting treatment. None of that will protect Enron if these transactions are ever disclosed in the bright light of day. (Please review the late 90's problems of Waste Management – where AA paid $130+ mm in litigation re: questionable accounting practices).

The overriding basic principle of accounting is that if you explain the 'accounting treatment' to a man on the street, would you influence his investing decisions? Would he sell or buy the stock based on a thorough understanding of the facts? If so, you best present it correctly and/or change the accounting.

(ファイル1．つづき②)

My concern is that the footnotes don't adequately explain the transactions. If adequately explained, the investor would know that the "Entities" described in our related party footnote are thinly capitalized, the equity holders have no skin in the game, and all the value in the entities comes from the underlying value of the derivatives (unfortunately in this case, a big loss) AND Enron stock and N/P. Looking at the stock we swapped, I also don't believe any other company would have entered into the equity derivative transactions with us at the same prices or without substantial premiums from Enron. In other words, the $500 million in revenue in 2000 would have been much lower. How much lower?

Raptor looks to be a big bet, if the underlying stocks did well, then no one would be the wiser. If Enron stock did well, the stock issuance to these entities would decline and the transactions would be less noticeable. All has gone against us. The stocks, most notably Hanover, The New Power Co., and Avici are underwater to great or lesser degrees.

I firmly believe that executive management of the company must have a clear and precise knowledge of these transactions and they must have the transactions reviewed by objective experts in the fields of securities law and accounting. I believe Ken Lay deserves the right to judge for himself what he believes the probabilities of discovery to be and the estimated damages to the company from those discoveries and decide one of two courses of action:

1. The probability of discovery is low enough and the estimated damage too great; therefore we find a way to quietly and quickly reverse, unwind, write down these positions/transactions.
2. The probability of discovery is too great, the estimated damage to the company too great; therefore, we must quantify, develop damage containment plans and disclose.

I firmly believe that the probability of discovery significantly increased with Skilling's shocking departure. Too many people are looking for a smoking gun.

Summary of Raptor oddities:

1. The accounting treatment looks questionable.

    a. Enron booked a $500 mm gain from equity derivatives from a related party.
    b. That related party is thinly capitalized, with no party at risk except Enron.
    c. It appears Enron has supported an income statement gain by a contribution of its own shares.

    One basic question: The related party entity has lost $500 mm in its equity derivative transactions with Enron. Who bears that loss? I can't find an equity or debt holder that bears that loss. Find out who will lose this money. Who will pay for this loss at the related party entity?

    If it's Enron, from our shares, then I think we do not have a fact pattern that would look good to the SEC or investors.

2. The equity derivative transactions do not appear to be at arms length.

    a. Enron hedged New Power, Hanover, and Avici with the related party at what now appears to be the peak of the market. New Power and Avici have fallen away significantly since. The related party was unable to lay off this risk. This fact pattern is once again very negative for Enron.

b. I don't think any other unrelated company would have entered into these transactions at these prices. What else is going on here? What was the compensation to the related party to induce it to enter into such transactions?

3. There is a veil of secrecy around LJM and Raptor. Employees question our accounting propriety consistently and constantly. This alone is cause for concern.

a. Jeff McMahon was highly vexed over the inherent conflicts of LJM. He complained mightily to Jeff Skilling and laid out 5 steps he thought should be taken if he was to remain as Treasurer. 3 days later, Skilling offered him the CEO spot at Enron Industrial Markets and never addressed the 5 steps with him.

b. Cliff Baxter complained mightily to Skilling and all who would listen about the inappropriateness of our transactions with LJM.

c. I have heard one manager level employee from the principle investments group say "I know it would be devastating to all of us, but I wish we would get caught. We're such a crooked company." The principle investments group hedged a large number of their investments with Raptor. These people know and see a lot. Many similar comments are made when you ask about these deals. Employees quote our CFO as saying that he has a handshake deal with Skilling that LJM will never lose money.

4. Can the General Counsel of Enron audit the deal trail and the money trail between Enron and LJM/Raptor and its principals? Can he look at LJM? At Raptor? If the CFO says no, isn't that a problem?

（ファイル１．つづき④）

Condor and Raptor work:

1. Postpone decision on filling office of the chair, if the current decision includes CFO and/or CAO.

2. Involve Jim Derrick and Rex Rogers to hire a law firm to investigate the Condor and Raptor transactions to give Enron attorney client privilege on the work product. (Can't use V&E due to conflict – they provided some true sale opinions on some of the deals).

3. Law firm to hire one of the big 6, but not Arthur Andersen or PricewaterhouseCoopers due to their conflicts of interest: AA&Co (Enron); PWC (LJM).

4. Investigate the transactions, our accounting treatment and our future commitments to these vehicles in the form of stock, N/P, etc..
For instance: In Q3 we have a $250 mm problem with Raptor 3 (NPW) if we don't 'enhance' the capital structure of Raptor 3 to commit more ENE shares. By the way: in Q1 we enhanced the Raptor 3 deal, committing more ENE shares to avoid a write down.

5. Develop clean up plan:

   a. Best case: Clean up quietly if possible.

   b. Worst case: Quantify, develop PR and IR campaigns, customer assurance plans (don't want to go the way of Salomon's trading shop), legal actions, severance actions, disclosure.

6. Personnel to quiz confidentially to determine if I'm all wet:
   a. Jeff McMahon
   b. Mark Koenig
   c. Rick Buy
   d. Greg Whalley

（ファイル1．つづき⑤）

To put the accounting treatment in perspective I offer the following:

1. We've contributed contingent Enron equity to the Raptor entities. Since it's contingent, we have the consideration given and received at zero. We do, as Causey points out, include the shares in our fully diluted computations of shares outstanding if the current economics of the deal imply that Enron will have to issue the shares in the future. This impacts 2002 – 2004 EPS projections only.

2. We lost value in several equity investments in 2000. $500 million of lost value. These were fair value investments, we wrote them down. However, we also booked gains from our price risk management transactions with Raptor, recording a corresponding PRM account receivable from the Raptor entities. That's a $500 million related party transaction – it's 20% of 2000 IBIT, 51% of NI pre tax, 33% of NI after tax.

3. Credit reviews the underlying capitalization of Raptor, reviews the contingent shares and determines whether the Raptor entities will have enough capital to pay Enron its $500 million when the equity derivatives expire.

4. The Raptor entities are technically bankrupt; the value of the contingent Enron shares equals or is just below the PRM account payable that Raptor owes Enron. Raptor's inception to date income statement is a $500 million loss.

5. Where are the equity and debt investors that lost out? LJM is whole on a cash on cash basis. Where did the $500 million in value come from? It came from Enron shares. Why haven't we booked the transaction as $500 million in a promise of shares to the Raptor entity and $500 million of value in our "Economic Interests" in these entities? Then we would have a write down of our value in the Raptor entities. We have not booked the latter, because we do not have to yet. Technically, we can wait and face the music in 2002 – 2004.

6. The related party footnote tries to explain these transactions. Don't you think that several interested companies, be they stock analysts, journalists, hedge fund managers, etc., are busy trying to discover the reason Skilling left? Don't you think their smartest people are pouring over that footnote disclosure right now? I can just hear the discussions – "It looks like they booked a $500 million gain from this related party company and I think, from all the undecipherable ½ page on Enron's contingent contributions to this related party entity, I think the related party entity is capitalized with Enron stock." ..... "No, no, no, you must have it all wrong, it can't be that, that's just too bad, too fraudulent, surely AA&Co wouldn't let them get away with that?" ..... "Go back to the drawing board, it's got to be something else. But find it!" ...... "Hey, just in case you might be right, try and find some insiders or 'redeployed' former employees to validate your theory."

【ファイル1．訳】

ケネス・レイ　会長へ

エンロンは危険な勤務先に変貌してしまったのでしょうか？　これまで数年間“金持ちにならなかった”私たち従業員にとって，これまでどおりこの会社で働き続けることができるのでしょうか？

スキリングさんが突然辞任されたので，経理や資産評価の適切さが疑問視されるのは必至です。エンロンはこれまで会計方針が非常に乱暴でした。なかでも，“ラプター”および“コンドル”の取引ではそれが際立っていました。また，海外の資産とEES MTMのいくつかについては，その評価方法がかなり問題にされる恐れがあります。

マーケットは，スキリングさんが単に自分の夢を実現するために会社を辞めたとはみないでしょう。当然ながら，関心は私たちに向けられます。資産評価の問題はなんとかケリをつけられますし，他の営業権と一緒に2002年度の決算報告で評価減を実施することができます。しかし，問題はラプターとコンドルの取引です。2002年と2003年にはこれらの問題が表面化します。つまり，そのときには私たちはエンロン株で清算をしなければなりませんが，これは内々に実施することはできません。

「エンロンは，エンロン株を後年割り当てるという約束で投資家から資本を集めてスタートした組織（コンドル）に対して1999年に資産を有償譲渡したことにより８億ドルのキャッシュ・インフローがあった」——一般の人にはそのように映っていると思います。しかし，これは本当に資金フローといえるものでしょうか，それとも単なる株式発行によるキャッシュでしょうか？

(ファイル1．訳　つづき①)

私たちはラプターとのスワップ取引を通じて，5億5,000万ドル以上という株式の適切な評価益を得ていました。しかし，その後，株価はかなり下落してしまいました。たとえばアビッチ・システムズは，時価総額で1億7,800万ドルが約98％も下がって，500万ドルとなってしまいました。また，ニューパワー・カンパニーの株価は20ドルから6ドルへと70％も下落しました。スワップの評価損はラプターが吸収するわけにはいきませんので，エンロンがこれらの損失を穴埋めするために新株の発行をしなければなりません。ラプターはＬＪＭの一部です。一般の人には，エンロンが関係会社の損失を隠しており，その損失を将来エンロン株式で補填することになる，と映っているのでしょう。

私たちはこのまま会計スキャンダルの波に呑み込まれて崩壊してしまうのではないかと思うと，夜も眠れないほど心配なのです。破綻すれば，これまで私がエンロンで働いてきた8年間のキャリアは，全く価値のないものになってしまいます。エンロンの過去の栄光とは巧妙にでっち上げられた会計操作以外のなにものでもない，と実業界は判断するでしょう。スキリングさんは“個人的な理由”で辞任しますが，彼は楽しく仕事をしていたのではなかったと思います。周囲を見ても自分の配下の者が思いどおりに動いておらず，この後2年のうちに恥辱を受けて辞めることよりは，会社を今，見捨てることを選んだのでしょう。

エンロンのこれらの取引を会計のプロがうまく片づけてくれる方法はあるのでしょうか？　私はこれまで，考えに考えを重ねました。しかし，いつも大きな問題に突き当たりました。コンドルとラプターは1999年と2000年に記帳し，株価も非常に高くなり，幹部の多くは株を売って儲けました。そして，2001年にはそれらの取引を解

（ファイル１．訳　つづき②）

消あるいは変更することを検討しました。それはまるである年に銀行強盗をして，２年後に返金するようなものです。それはそれで良いのかもしれませんが，ただ，投資家は苦しんでいます。彼らはエンロン株を120ドルになると期待して，70ドル，80ドルで買いました。しかし，今，株価は38ドル以下です。私たちは多くのところから詳細に調査されています。社内には会社の“おかしな”会計処理について熟知している者で，これまでの配転や処遇に不満をもつ社員が一人や二人はいます。彼らはきっとトラブルのもととなります。

私たちはどう対処すべきでしょうか？　全社員集会ではこの問題に関することを扱わないほうがよいと思いますが，あなたと取締役ＣＦＯのコージイさんがこの先2002年と2003年にコンドルとラプターがどうなるかという点については，しっかりと対処することを請け負っていただきたいと思います。

取り沙汰されている論点の整理

ラプターについて

ラプターはＬＪＭが出資したもの。その出資は一時，回収に不安があったが，今はラプターからＬＪＭに対して手数料が相当支払われたため，完全に回収された。今後ラプターが破産しても，ＬＪＭは影響を受けない。また，ＬＪＭはラプターに対して追加の資本を補填する義務もない。

ラプターは第３四半期にはさらに２億5,000万ドルの資本増強が必要になってくるだろう。

確かにわが社では，アーサー・アンダーセン会計事務所のたくさんの会計士がこの問題に取り組んでいる。しかし，彼らはいったんラプターなどの取引が公になると，エンロンを擁護しない（90年代

（ファイル１．訳　つづき③）

後半に，ウェイスト・マネジメント事件での訴訟でアーサー・アンダーセンが疑わしい会計監査の慣行により，１億3,000万ドル強を支払ったことを思い出すこと）。

決算書類の注記がもし適切に説明されているなら，投資家は関係会社の注記のところで書かれているそれらの会社の資本が極めて小さいことに気付いているはずである。それらの関係会社の価値は，デリバティブ取引に支えられている（残念ながら，大きな損を出しているが）。2000年に計上した５億ドルの収益は，本当はもっと低い水準だった。

ラプターは大きな賭けであった。ラプターを支えている株価が高ければ問題はなかった。エンロン株が高ければこれらの関係会社への株式の発行も少なくなり，目立たなかった。しかし逆となった。これらの株式も，なかでもハノーバー，ザ・ニューパワー・カンパニー，アビッチが目立っているが，かなり下落した。

幹部経営者がこれらの取引について，もっと明確で正確な知識を持つべきである。証券取引法や会計学の専門家にこれらの取引を客観的にチェックしてもらうべきである。ケネス・レイは，それらのチェックによって明らかになったことや予期されるダメージを判断できる立場にある。次の二つのうち，一つを対策として講じることを勧める。

１．問題点は小さいが，予想される実害が大きい場合。懸念のある投資の持ち高，取引を，密かに，かつ即座に解消するように努め，資本の減額をする必要がある。

２．問題も予想される損害も大きい場合。損害を測り，被害を最小限にくい止める対策を講じ，開示する。

（ファイル１．訳　つづき④）

ラプターの異常性について

1．会計の処理方法の疑わしさ

ａ．エンロンが５億ドルの収益を関係会社とのデリバティブ取引から得たと会計上，処理をしている点。

ｂ．関係会社の資本は極めて小さいこと。ただ，この場合でも，エンロンだけがリスクを負担する仕組みとなっている点。

ｃ．エンロンのＰ／Ｌ上の利益は自社株からのサポートを受けている点。

基本的な問題：関係会社はエンロンとの株式のデリバティブ取引を通じて５億ドルの損失を出した。この損はだれが負担すべきなのか？　もしエンロンが株式を発行して負担することになるならば，ＳＥＣや投資家は疑惑の目でみることとなる。

２．株式のデリバティブ取引が安全圏ではないこと

ａ．エンロンは関係会社とニューパワー，ハノーバー，アビッチの株式について，最高値でヘッジ取引をしている。ニューパワーとアビッチの株価は契約時より，かなり下落している。

ｂ．　このような株価では，関係会社以外は取引をしてくれなかっただろう。そのほか，何が起こっていたのか？　こんな取引が成立できた裏には，関係会社にはどんな見返りがあったのか？

３．ＬＪＭとラプターは秘密のベールに覆われている。従業員は会計処理の適切性について，執拗に，また絶え間なく，疑問を呈している。これだけでも，心配の種だ。

ａ．ジェフ・マクマーンはＬＪＭとの取引で悩み，ジェフ・スキリングに相談した。マクマーンは財務部長の職務を全うするため，５つの対策を提言した。ところが，３日後，スキリングはマクマーンをエンロン・インダストリアル・マーケット会社のＣＥＯへと追いやった。そして，５つの提言は無視された。

ｂ．クリフォード・バクスターもスキリングに対し，強く苦情を

（ファイル1．訳　つづき⑤）

言っていた。

c．関係会社のある課長クラスの社員が「全員がめちゃめちゃになるが，しかし，逮捕されたほうがいい。会社は狂っている」と言っているのを聞いたことがある。ラプターについて巨額をヘッジしている会社だ。彼らは現場で事情をよく知っている。「ＬＪＭは絶対に損をしない仕組みをスキリングと約束している，とエンロンのＣＦＯが言った」と噂されている。

コンドルとラプターについて

1．会長室のＣＦＯおよびＣＡＯ人事に限り，決定を先送りすること。

2．ジム・デリックとレックス・ロジャーズに，法律事務所と契約してコンドルとラプターの取引について調査するように指示すること（Ｖ＆Ｅ法律事務所はだめ。利益相反問題がある）。

3．法律事務所は会計事務所と契約するように。しかし，アーサー・アンダーセンはエンロンと，また，プライスウォーターハウス・クーパーズはＬＪＭと利害関係があるため，使えない。

4．これまでの取引，会計処理方法，株式での出資など調査すること。

5．浄化作戦を立てること。

a．最良のケース：可能なら，密かに実行する。

b．最悪のケース：ＰＲ，ＩＲ，など顧客に安心してもらう諸活動を展開。法的な対応，契約解除，開示など展開する。

6．私の主張の真偽を確かめるべき社員

a．ジェフ・マクマーン　　b．マーク・ケイニーグ

c．リック・バイ　　d．グレッグ・ウォーリー

ファイル2．シャロン・ワトキンズがエンロン広報部に出したメモ

エンロンの財務面での混乱を収拾するために，ケネス・レイがしなければならないことを述べている。2001年10月30日付のこのメモのなかで，エンロンに対する世間の信頼を取り戻すべく，レイがとるべきPR展開をワトキンズが勧めている。e－メールによるこのメモは，ワトキンズが本当に「内部告発者」だったのかどうかについて疑問を生じさせる。

21

Watkins, Sherron

From:	Watkins, Sherron
Sent:	Tuesday, October 30, 2001 4:45 PM
To:	Tilney, Elizabeth
Cc:	Olson, Cindy
Subject:	PR for Enron

Beth,

Attached is the handout I gave Ken Lay today in our very brief meeting; I think I left you a voice mail on this.

Ken thinks it would be a good idea for me to work for you in our PR and IR efforts re: our current crisis. Beth I think you know my involvement from Cindy, and that I haven't really had a real job since my first meeting with Ken re: these matters in late August. I can jump on this asap.

The viewpoint is that I can effectively play devil's advocate on the accounting issues and be sure we anticipate the tough questions and have answers. My personal opinion is that it's very hard to know who in the organization is giving us good answers and who's covering their prior work.

The attached outlines my viewpoint on the fact that I think we need to come clean and restate; Ken and I did not get much chance to discuss this; I'm tentatively on his schedule Wed afternoon. I'd sure like to meet with you on this. I have one meeting on Wed that I can change. Please call. Thanks.

Disclosure steps to rebuild in...

Sherron S. Watkins
Vice President, Enron Corp.
713-345-8799 office
713-416-0620 cell

Private Placement Cos

1. S/T Capital/Credit
2. L/T " / " Equity
3. SEC
4. Capital Mkts

— Don't put SEC 3rd!

SW(HSE&EC)0023

1

ファイル3．ジェフリー・スキリングが署名をしていないＬＪＭ案件の承認書

エンロンは自社のリスクについては徹底的な厳重さをもって管理していた，と言われ，議会証言では，スキリングも自分のことを，リスクを“一つ”管理しているのではなく，たくさんのリスクを管理するのが大好きな“リスク・オタク”だ，と説明している。いちばん議論を呼ぶところは，スキリングが問題のＬＪＭパートナーシップについて，どれだけのことを知っていたのかということ，およびどの取引がスキリングの承認を必要としていたのか，という点。スキリングはこれらの点について，議会の聴聞会で厳しく追及されることとなる。それらの取引は社外の会計事務所，アーサー・アンダーセンが承認したのだ，とスキリングは弁明し，今や有名となった「私は会計士ではない！」というフレーズを何度も繰り返した。

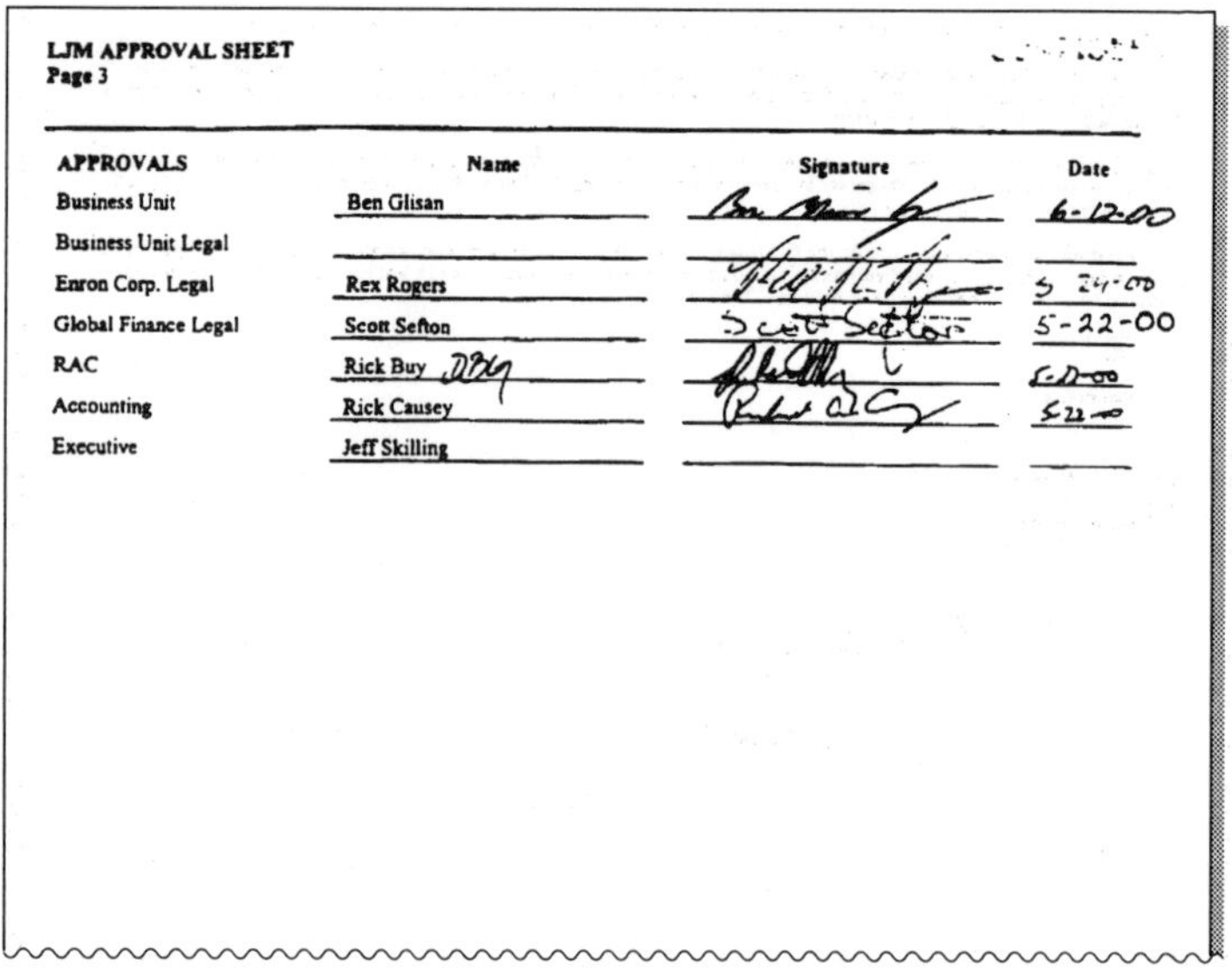

LJM APPROVAL SHEET
Page 3

APPROVALS	Name	Signature	Date
Business Unit	Ben Glisan		6-12-00
Business Unit Legal			
Enron Corp. Legal	Rex Rogers		5-24-00
Global Finance Legal	Scott Sefton	Scott Sefton	5-22-00
RAC	Rick Buy DBG		5-22-00
Accounting	Rick Causey		5-22-00
Executive	Jeff Skilling		

ファイル4．ジェフ・マクマーンの予定表。2001年3月16日の欄には，“11時30分にジェフリー・スキリングとアポ”の記録がある

マクマーンは，このカレンダーにあるとおりの会合で「アンドリュー・ファストウは二つの仕事を兼務しており，そのことが利害の不一致を招いている，報酬がお手盛りになっている，などＬＪＭの状況についてスキリングと話した」と議会で証言した。マクマーンの手書きメモ（ファイル５）の中には，「自分の品位を落とすことまでしなくともよいだろう」との表記もみられる。この会合の後しばらくして，マクマーンはエンロン管理職の身分のまま，他のポストに回されることとなった。

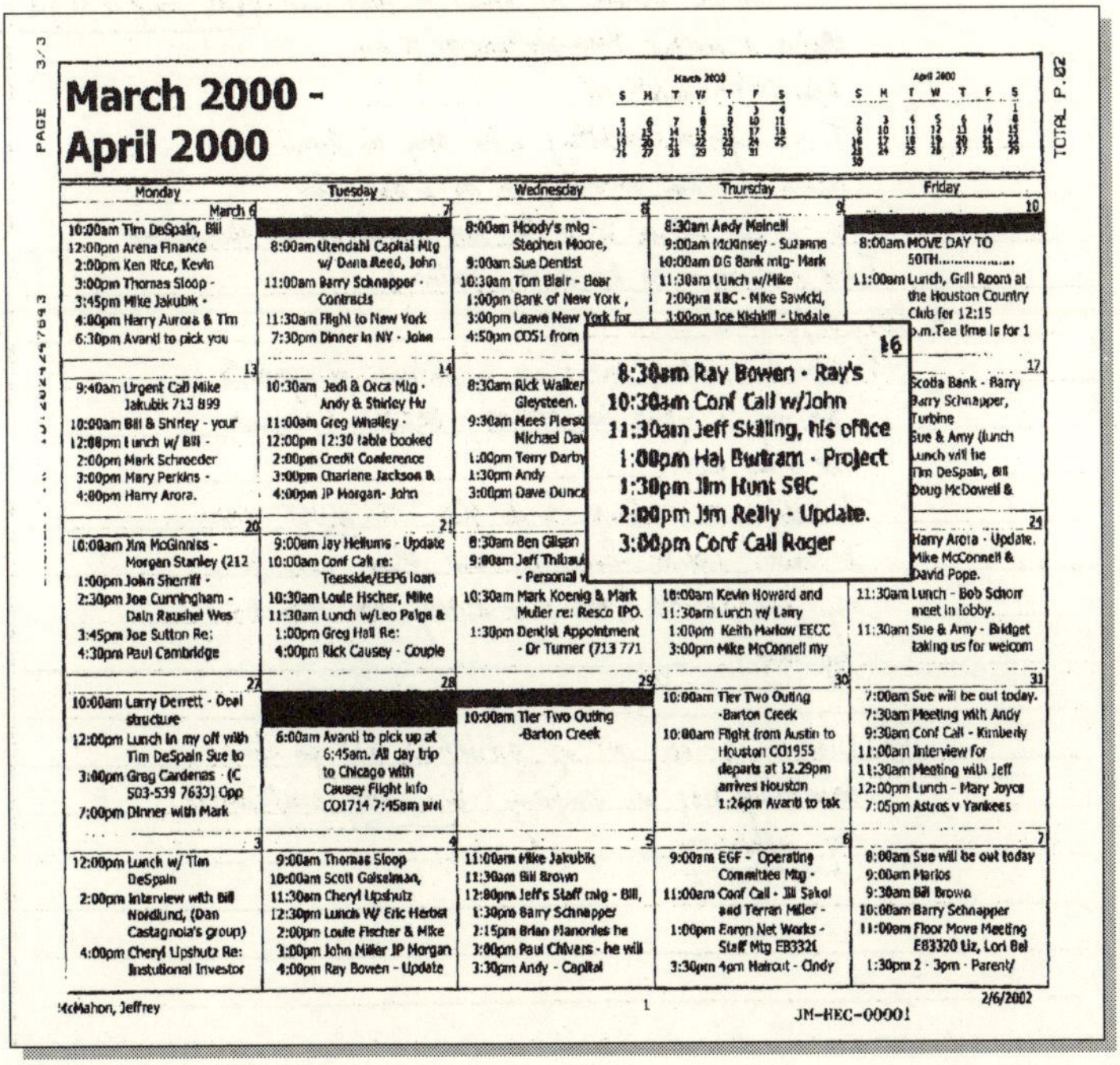

PAGE 3/3

TOTAL P.02

March 2000 -
April 2000

March 2000

S	M	T	W	T	F	S
			1	2	3	4
5	6	7	8	9	10	11
12	13	14	15	16	17	18
19	20	21	22	23	24	25
26	27	28	29	30	31	

April 2000

S	M	T	W	T	F	S
						1
2	3	4	5	6	7	8
9	10	11	12	13	14	15
16	17	18	19	20	21	22
23	24	25	26	27	28	29
30						

Monday	Tuesday	Wednesday	Thursday	Friday
March 6 10:00am Tim DeSpain, Bill 12:00pm Arena Finance 2:00pm Ken Rice, Kevin 3:00pm Thomas Sloop - 3:45pm Mike Jakubik - 4:00pm Harry Aurora & Tim 6:30pm Avanti to pick you	7 [redacted] 8:00am Utendahl Capital Mtg w/ Dana Reed, John 11:00am Barry Schnapper - Contracts 11:30am Flight to New York 7:30pm Dinner in NY - John	8 8:00am Moody's mtg - Stephen Moore, 9:00am Sue Dentist 10:30am Tom Blair - Bear 1:00pm Bank of New York , 3:00pm Leave New York for 4:50pm CO51 from	9 8:30am Andy Meinell 9:00am McKinsey - Suzanne 10:00am DG Bank mtg- Mark 11:30am Lunch w/Mike 2:00pm KBC - Mike Sawicki, 3:00pm Joe Kishkill - Update	10 [redacted] 8:00am MOVE DAY TO 50TH................. 11:00am Lunch, Grill Room at the Houston Country Club for 12:15 p.m.Tea time is for 1
13 9:40am Urgent Call Mike Jakubik 713 899 10:00am Bill & Shirley - your 12:00pm Lunch w/ Bill - 2:00pm Mark Schroeder 3:00pm Mary Perkins - 4:00pm Harry Arora.	14 10:30am Jedi & Orca Mtg - Andy & Shirley Hu 11:00am Greg Whalley - 12:00pm 12:30 table booked 2:00pm Credit Conference 3:00pm Charlene Jackson & 4:00pm JP Morgan- John	8:30am Rick Walker Gleysteen. 9:30am Mees Pierso Michael Da 1:00pm Terry Darby 1:30pm Andy 3:00pm Dave Dunca		17 Scotia Bank - Barry Barry Schnapper, Turbine Sue & Amy (lunch Lunch will be Tim DeSpain, Bill Doug McDowell &
20 10:00am Jim McGinniss - Morgan Stanley (212 1:00pm John Sherriff - 2:30pm Joe Cunningham - Dain Raushel Wes 3:45pm Joe Sutton Re: 4:30pm Paul Cambridge	21 9:00am Jay Hellums - Update 10:00am Conf Call re: Teesside/EEPG loan 10:30am Louie Fischer, Mike 11:30am Lunch w/Leo Paige & 1:00pm Greg Hall Re: 4:00pm Rick Causey - Couple	8:30am Ben Glisan 9:00am Jeff Thibau - Personal 10:30am Mark Koenig & Mark Muller re: Resco IPO. 1:30pm Dentist Appointment - Dr Turner (713 771	10:00am Kevin Howard and 11:30am Lunch w/ Larry 1:00pm Keith Marlow EECC 3:00pm Mike McConnell my	24 Harry Arora - Update. Mike McConnell & David Pope. 11:30am Lunch - Bob Schorr meet in lobby. 11:30am Sue & Amy - Bridget taking us for welcom
27 10:00am Larry Derrett - Deal structure 12:00pm Lunch in my off with Tim DeSpain Sue to 3:00pm Greg Cardenas - (C 503-539 7633) Opp 7:00pm Dinner with Mark	28 [redacted] 6:00am Avanti to pick up at 6:45am. All day trip to Chicago with Causey Flight info CO1714 7:45am arri	29 10:00am Tier Two Outing -Barton Creek	30 10:00am Tier Two Outing -Barton Creek 10:00am Flight from Austin to Houston CO1955 departs at 12.29pm arrives Houston 1:26pm Avanti to tak	31 7:00am Sue will be out today. 7:30am Meeting with Andy 9:30am Conf Call - Kimberly 11:00am Interview for 11:30am Meeting with Jeff 12:00pm Lunch - Mary Joyce 7:05pm Astros v Yankees
3 12:00pm Lunch w/ Tim DeSpain 2:00pm Interview with Bill Nordlund, (Dan Castagnola's group) 4:00pm Cheryl Upshutz Re: Instutional Investor	4 9:00am Thomas Sloop 10:00am Scott Gaiselman, 11:30am Cheryl Upshutz 12:30pm Lunch W/ Eric Herbst 2:00pm Louie Fischer & Mike 3:00pm John Miller JP Morgan 4:00pm Ray Bowen - Update	5 11:00am Mike Jakubik 11:30am Bill Brown 12:00pm Jeff's Staff mtg - Bill, 1:30pm Barry Schnapper 2:15pm Brian Manonies he 3:00pm Paul Chivers - he will 3:30pm Andy - Capital	6 9:00am EGF - Operating Committee Mtg - 11:00am Conf Call - Jill Sakol and Terran Miller - 1:00pm Enron Net Works - Staff Mtg EB3321 3:30pm 4pm Haircut - Cindy	7 8:00am Sue will be out today 9:00am Marlos 9:30am Bill Brown 10:00am Barry Schnapper 11:00am Floor Move Meeting EB3320 Liz, Lori Bel 1:30pm 2 - 3pm - Parent/

16

8:30am Ray Bowen - Ray's
10:30am Conf Call w/John
11:30am Jeff Skilling, his office
1:00pm Hal Bertram - Project
1:30pm Jim Hunt SBC
2:00pm Jim Reilly - Update.
3:00pm Conf Call Roger

McMahon, Jeffrey　　1　　JM-HEC-00001　　2/6/2002

ファイル5．ジェフリー・スキリングと会うためにジェフ・マクマーンが準備した手書きメモ

マクマーンのこの手書きメモの存在にもかかわらず，スキリングはマクマーンとはそんなことを話してはいないと，議会で証言した。スキリングは，主としてマクマーンのボーナスの件を話した，としている。

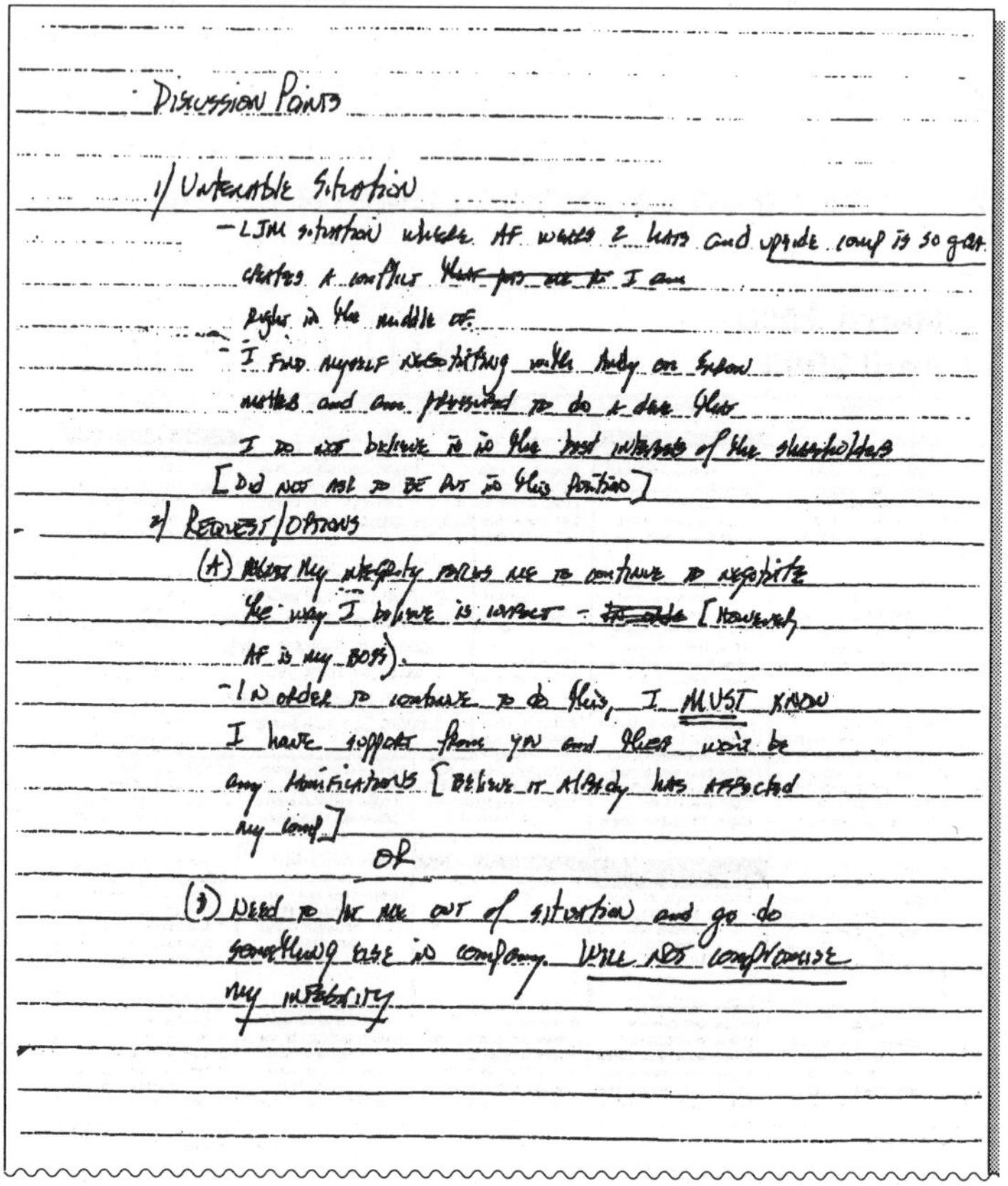
Discussion Points

1/ Untenable Situation

- LJM situation where AF wears 2 hats and upside comp is so great creates a conflict I am right in the middle of.
- I find myself negotiating with Andy on Enron matters and am pressured to do a deal that I do not believe is in the best interests of the shareholders

[Did not ask to be put in this position]

2/ Request/Options

(A) Honest my integrity forces me to continue to negotiate the way I believe is correct - [However AF is my boss].

- In order to continue to do this, I must know I have support from you and there won't be any ramifications [Believe it already has affected my comp]

OR

(B) Need to be moved out of situation and go do something else in company. Will not compromise my integrity.

ファイル6．ジェフリー・スキリングが辞任した後，ケネス・レイがエンロン全社向けに出したメモ

スキリングが辞任した日，レイはエンロンの従業員に対して「私は会社の前途について，こんなに明るい見通しを持ったことはない」という内容のメールを送信した。この8月14日付のメールでは，エンロンはかつてなかったほど強力な会社に成長している，と訴えた。これらはワトキンズが匿名のメモで指摘した懸念とは好対照をなしている。

From: PGE News
To: ALL PGE EMPLOYEES
Date: 8/14/01 2:54PM
Subject: Jeff Skilling resigns as CEO of Enron

PGE News .... August 14, 2001

Jeff Skilling resigns as CEO of Enron

Enron today announced that President and CEO Jeff Skilling has resigned, effective immediately, and that the Enron Board of Directors has asked Ken Lay to resume his role as Chairman and CEO.

"Stan Horton called this afternoon to inform me of Jeff's decision to step down for personal reasons," says PGE CEO and President Peggy Fowler. Horton, CEO of Enron Transportation, is Fowler's executive connection to the Enron team. "He wanted to let me know that Mr. Skilling's departure will not in any way impact Enron's ongoing strategy for success and we should expect no near-term dramatic organizational changes."

"Clearly, Enron will continue to focus on increasing the company's stock value," Fowler added. "PGE can help in this effort by remaining committed to our Scorecard goals and operational excellence."

Below is the letter Ken Lay is sending to Enron employees this afternoon announcing the decision:

To: Enron Employees Worldwide
From: Ken Lay

It is with regret that I have to announce that Jeff Skilling is leaving Enron. Today, the Board of Directors accepted his resignation as President and CEO of Enron. Jeff is resigning for personal reasons and his decision is voluntary. I regret his decision, but I accept and understand it. I have worked closely with Jeff for more than 15 years, including 11 here at Enron, and have had few, if any, professional relationships that I value more. I am pleased to say that he has agreed to enter into a consulting arrangement with the company to advise me and the Board of Directors.

Now it's time to look forward.

With Jeff leaving, the Board has asked me to resume the responsibilities of President and CEO in addition to my role as Chairman of the Board. I have agreed. I want to assure you that I have never felt better about the prospects for the company. All of you know that our stock price has suffered substantially over the last few months. One of my top priorities will be to restore a significant amount of the stock value we have lost as soon as possible. Our performance has never been stronger; our business model has never been more robust; our growth has never been more certain; and most importantly, we have never had a better nor deeper pool of talent throughout the company. We have the finest organization in American business today. Together, we will make Enron the world's leading company.

CC: Kathy & George Wyatt; Kathy Wyatt

【ファイル６．訳】

発進　　PGE News
宛先　　全ＰＧＥ社員
日付　　2001年８月14日午後２時54分
主題　　ＣＥＯジェフリー・スキリングの辞任について

ジェフリー・スキリングがＣＥＯを辞任しました

エンロンは，社長兼ＣＥＯのジェフリー・スキリングが本日付で辞任したこと，およびエンロン取締役会がケネス・レイに対し，会長兼ＣＥＯを再度引き受けるよう要請したことを本日発表しました。

ＰＧＥの社長兼ＣＥＯ，ペギー・ファウラーは「スタン・ホートンが本日午後私に電話をかけてきて，ジェフが個人的な理由で退任する決意であることを知らせてきました」と，この間の経緯を説明しております。エンロン・トランスポーテーションのＣＥＯであるホートンは，エンロン本部との連絡ではファウラーに報告することになっており，「ホートンは，スキリングの退任がエンロンに対して何ら悪い影響を与えるものではないことを伝えたかった」とのことです。

「エンロンは今後も株価の価値を高める最大の努力を続けます」とファウラーは付け加え，ＰＧＥも以前に増して協力していくことを表明しました。

下記はケネス・レイが自分の決断について，その日の午後，全社員に向けて発信した手紙です。

宛　先　　全エンロン社員
発信人　　ケン・レイ

（ファイル６．訳　つづき）

ジェフリー・スキリングがエンロンから去っていくことを，私は皆さんにお伝えしなければなりません。本日，エンロン取締役役会は，彼が社長兼ＣＥＯを辞任することを承認いたしました。ジェフは個人的な理由で辞任しました。自分の意思で辞意を固められたのです。彼の決断は誠に残念に思いますが，しかし私はこれを受け入れ，理解いたしました。私はジェフとはエンロン本社での11年を含め，15年以上も一緒に仕事をしてきました。彼と一緒に進めた仕事は，比類ないほど素晴らしいものがありました。今後，ジェフは取締役会および私にいろいろとアドバイスをするために，エンロンとコンサルティング契約をしてくれることとなりました旨も報告します。

さあ，さらなる前進の時が来ました

ジェフリー・スキリングが退任し，取締役会は私に取締役会会長に加え，社長兼ＣＥＯにも就任するよう要請しました。私はこれを承諾しました。これを機に，私は皆さんにお伝えしたいことがあります。それは，私が今ほどこの会社の前途について，明るい見通しを持ったことがなかった，ということです。みなさんがよく知っているように，我が社の株価はここ数か月でかなり下落しています。私がやるべき最も重要な仕事は，できるだけ早くこの下落した株価を回復させることです。エンロンの仕事の達成率は今までに見られなかったほど好調です。ビジネスモデルも，最強のものとなっていますし，事業の成長性もこんなに確かなことはありませんでした。そして，最も重要なことは，社内に素晴らしい人材がこんなに溢れていることもかつてなかったことです。私たちはすでにアメリカの実業界では一番素晴らしい企業なのです。さらに，私たちはエンロンを世界で一番の企業へと育てることができるのです。

写し：キャシー／ジョージ・ワイアット，キャシー・ワイアット

ファイル7．ナンシー・テンプルズからアンダーセンのヒューストン事務所長デービッド・ダンカン宛てに出した文書保存方針に関するメモ

エンロン関係の貴重な文書について，アーサー・アンダーセンは自社の文書保存ルールに沿っていたのか，それとも不法にシュレッダーにかけてしまったのかについては，今後法廷で糾明される。この社内メールは，アンダーセンのパートナーでエンロンを担当していたデービッド・ダンカン宛てに，アンダーセンの文書保存ルールについて思い起こさせるために送信された。

01/14/2002 15:56 FAX 212 450 6032 DPW 28-29

To: David B. Duncan@ANDERSEN WO
CC:
BCC:
Date: 10/12/2001 08:56 AM
From: Michael C. Odom
Subject: Document retention policy
Attachments:

More help.

——————— Forwarded by Michael C. Odom on 10/12/2001 10:55 AM ———————

To: Michael C. Odom@ANDERSEN WO
cc:
Date: 10/12/2001 10:53 AM
From: Nancy A Temple, Chicago 33 W. Monroe, 50 / 11234
Subject: Document retention policy

Mike-
It might be useful to consider reminding the engagement team of our documentation and retention policy. It will be helpful to make sure that we have complied with the policy. Let me know if you have any questions.

Nancy

ファイル8．下院議員ヘンリー・ワクスマンからケネス・レイに対する質問

エンロンが12月2日に破綻してからほぼ1か月後に，米議会下院議員のワクスマンがエンロン会長（当時）に対し，いくつか的を絞った質問を寄せた。

ONE HUNDRED SEVENTH CONGRESS

Congress of the United States

House of Representatives

COMMITTEE ON GOVERNMENT REFORM

2157 RAYBURN HOUSE OFFICE BUILDING

WASHINGTON, DC 20515–6143

MAJORITY (202) 225–5074
FACSIMILE (202) 225–3974
MINORITY (202) 225–5051
TTY (202) 225–6852

www.house.gov/reform

January 12, 2002

Mr. Kenneth L. Lay
Chairman
Enron Corporation
1400 Smith St.
Houston, TX 77002

Dear Mr. Lay:

Since December 4, 2001, my staff has been investigating the collapse of Enron Corporation. An important component of this investigation is reaching out to current and former employees who might have relevant information. I have done this through the establishment of an Internet tip line, as well as through other means.

As a result of this investigation, I have obtained some e-mails that you purportedly sent out to Enron employees about Enron's financial condition and stock price in August 2001. Copies of these e-mails are enclosed. If it is true that you sent these e-mails, then it appears that you misled your employees into believing that Enron was prospering and that its stock price would rise:

- In an e-mail apparently sent to all employees on August 14, 2001, the day that Jeffrey Skilling resigned as CEO, you stated: "**I want to assure you that I have never felt better about the prospects for the company.** All of you know that our stock price has suffered substantially over the last few months. One of my top priorities will be to restore a significant amount of the stock value we have lost as soon as possible." You concluded: "**Our performance has never been stronger; our business model has never been more robust; our growth has never been more certain**. . . . **We have the finest organization in American business today.**"[1]

- In an e-mail on August 27, 2001, to employees who received a grant of stock options, you apparently said that "one of my highest priorities is to restore investor confidence in

[1] E-mail from Ken Lay to Enron Employees Worldwide (Aug. 14, 2001) (emphasis added).

ファイル9. J.クリフォード・バクスターの遺書とされているもの

02000599

CAROL,

I AM SO SORRY FOR THIS. I FEEL I JUST CAN'T GO ON. I HAVE ALWAYS TRIED TO DO THE RIGHT THING BUT WHERE THERE WAS ONCE GREAT PRIDE NOW ITS GONE. I LOVE YOU AND THE CHILDREN SO MUCH. I JUST CAN'T BE ANY GOOD TO YOU OR MYSELF THE PAIN IS OVERWHELMING.

PLEASE TRY TO FORGIVE ME.

CLIFF

J. Clifford Baxter

CAROL

【ファイル9．訳】

キャロルへ
私はもうこれ以上生きてはいけない。こんなことになって，本当にすまないと思う。私はこれまでいつも一番適切なことだけをするように努めてきた。だが，かつての高いプライドももう無くなってしまった。君や子供たちをとても愛している。だが，もう限界だ，これ以上君たちや，そして自分に対しても，うまくやっていけない。

この苦しさに，もうこれ以上耐えられない。

どうか，許して欲しい。

クリフ

J．クリフォード・バクスター

キャロルへ

ファイル10. ケネス・レイの弁護士，アール・J.シルバートから上院議員アーネスト・“フリッツ”・ホリングズへ宛てたメモ

レイはホリングズの属する上院で証言すると約束したことを撤回している。

レイが証言を拒否するのは，彼についての審判が予断でもってすでに下ってしまったから，という理由を挙げている。

03 2002 9:28 AM FR NEW YORK TIMES 202 862 0427 TO 92244293 P.01
FEB 03 2002 17:18 FR PIPER MARBURY RUD 6H

PIPER MARBURY RUDNICK & WOLFE LLP

1200 Nineteenth Street, N.W.
Washington, D.C. 20036-2412
www.piperrudnick.com

MAIN PHONE (202) 861-3900
FAX (202) 223-2085

Earl J. Silbert
earl.silbert@piperrudnick.com

DIRECT PHONE 202-861-6250
FAX 202-223-2085

February 3, 2002

Hon. Ernest Hollings, Chairman
Committee on Commerce, Science and Transportation
508 Dirksen Senate Office Building
Washington, DC 20510-6125

Dear Mr. Chairman:

About one month ago, Kenneth Lay accepted your invitation to appear before this committee and subcommittee to testify about the collapse of Enron. He was looking forward to a meaningful, reasoned question and answer session to provide his understanding of the events and to discuss with you a number of related policy, legal, and regulatory issues. This tragedy for the company, its current and prior employees, retirees, and shareholders has been devastating and heartbreaking to him.

Many allegations have been publicized in the news media accusing Mr. Lay and others of wrongful, even criminal conduct. He has not personally responded to them. Some have construed his silence as acquiescence. They are wrong. Mr. Lay firmly rejects any allegations that he engaged in wrongful or criminal conduct. He did and still does believe that the most appropriate place to explore these allegations and related policy issues was before the Congress.

Mr. Lay, with counsel, has been spending extensive time preparing both for written and oral testimony. As of this morning, Mr. Lay intended to testify tomorrow. In the midst of our preparation, particularly disturbing statements have been made by members of Congress, even today, on the eve of Mr. Lay's scheduled appearance. These inflammatory statements show the judgments have been reached and the tenor of the hearing will be prosecutorial.

For example, on NBC's Today Show and MSNBC, Senator Peter Fitzgerald charged:

"Ken Lay obviously had to know that this was a giant pyramid scheme – a giant shell game.... They grafted a pyramid onto an old fashioned utility.... There was

CHICAGO | WASHINGTON | BALTIMORE | NEW YORK RESTON TAMPA | PHILADELPHIA | DALLAS LOS ANGELES

ファイル11. カリフォルニア州の電力卸売り取引市場に関するエンロンの戦略についてのメモ

エンロンがカリフォルニア州で実施し，論議を呼んだ取引についても言及している。

Reviewed for Privilege
1435
Rev'r DM Bx 4/24/003

STOEL RIVES LLP

MEMORANDUM

December 6, 2000

TO: RICHARD SANDERS

FROM: CHRISTIAN YODER AND STEPHEN HALL

RE: Traders' Strategies in the California Wholesale Power Markets/ ISO Sanctions

CONFIDENTIAL: ATTORNEY/CLIENT PRIVILEGE/ATTORNEY WORK PRODUCT

This memorandum analyzes certain trading strategies that Enron's traders are using in the California wholesale energy markets. Section A explains two popular strategies used by the traders, "inc-ing" load and relieving congestion. Section B describes and analyzes other strategies used by Enron's traders, some of which are variations on "inc-ing" load or relieving congestion. Section C discusses the sanction provisions of the California Independent System Operator ("ISO") tariff.

A. The Big Picture

1. "Inc-ing" Load Into The Real Time Market

One of the most fundamental strategies used by the traders is referred to as "'inc-ing' load into the real time market." According to one trader, this is the 'oldest trick in the book' and, according to several of the traders, it is now being used by other market participants.

To understand this strategy, it is important to understand a little about the ISO's real-time market.[1] One responsibility of the ISO is to balance generation (supply) and loads (demand) on the California transmission system. During its real-time energy balancing function the ISO pays/charges market participants for increasing/decreasing their generation. The ISO pays/charges market participants under two schemes: "instructed deviations" and "uninstructed deviations." Instructed deviations occur when the ISO selects supplemental energy bids from generators offering to supply energy to the market in real time in response to ISO instructions. Market participants that increase their generation in response to instructions ("instructed deviation") from the ISO are paid the "inc" price. Market participants that increase their

[1] The "real-time" energy market is also known as the imbalance energy market. The imbalance energy market can be further subdivided into the (1) supplemental energy or instructed deviation market and (2) the ex post market or uninstructed deviation market.

訳者・あとがき

本書は、米国の巨大企業であったエンロンが破綻したその経過と原因とを、原作の副題が示すとおり、誰にでもわかるようにやさしく描き出している。ここでの「エンロン崩壊の真実」のドラマは、CEOのレイ、COOのスキリング、CFOのファストウという三人の経営者を縦軸にして展開する。「序」では映画「スターウォーズ」のトレーディング・カードで「トレーディング（交換）」の妙味を知った子供が大きくなって、エンロンで同質同類の〝遊び〟をしていたことが描写される。また、エンロンの事業規模の壮大さも伝わってくる――バックやミドルオフィスでは二五〇〇人という公認会計士を社員に抱え、いくつもの法律事務所からは、これまた何百人という弁護士が常駐するような、日本では考えられないスケールであった。

本書は、エンロンの勃興と没落の経緯を大河ドラマのように十二分に活写している。が、終章で著者が書いているとおり、エンロンの破綻の物語は今始まったばかりで、これからが佳境となる。民事の損害賠償請求訴訟では、エンロン債をMMFに組み込み元本割れとなった日本の投信会社からのものや、アメリカでの個人・集団の訴訟を含め、すでに数百件が提訴されている。しかし、最近逮捕された前CFOのアンドリュー・ファストウを含め、本書の重要登場人物が刑事訴訟の被告人として注目を浴びることになるのはこれからだ。公判や司法取引を通じて暗部であった取引の内容、会計処理の手法がさらに明らかとなり、もっと世間に話題を提供することになろう。

エンロン破綻はまた、米国流コーポレート・ガバナンスや会計制度が、完成度が低く、欠陥だらけであったことをもさらけ出した。この対策についてもまだめぼしい前進は見られない。確かに、この春から米政府は矢継ぎ早に改革を進めた。企業改革法（「サーベンス・オクスリー法」）は7月末に成立、即日発効した。が、同法は本質的には「罰則強化の応急処置」であり、対症療法であった。また、破綻の波紋の一つとして、一部ではXBRL（eXtensible Business Reporting Language）の推進を勇気づける契機ともなっているが、会計制度の不備・欠陥については、巨大な国際会計事務所が一つ消滅したというのに、抜本的な改革の動きは遅々として進まない。著者もふれているが、監査業務と経営コンサルティング業務の両方を同一の会計事務所あるいはその系列が受託するということは、検事と弁護士の仕事を同時に引き受けているようなものだ。また、監査制度改革の議論では、監査報酬の仕組みについての議論もすべきだろう。監査法人は〝国選〟弁護人制度と同様、監査対象の企業（依頼人）から報酬を受けるのではなく、証券取引所などを含めた第三者機関へ企業が強制的に預託させられプールされた資金から、報酬を受けるという仕組みは検討に値しよう。

以上のほか、会計操作に関してはエンロン破綻が提起した問題の未解決部分がまだたくさん残っている。特に適切な会計処理についての〝科学〟と〝芸術〟のトワイライトゾーンが手つかずのままだ。数字という〝科学〟に落とし込む裁量と恣意性という〝芸術〟を、今後どのように信頼のおけるものに作り替えていくのか。米国を中心に発展してきた会計の諸制度が完璧とはほど遠いものであったことを、エンロン問題は如実に示した。

アナリストの職業倫理（エシックス）についても、エンロン破綻が提起した大きな問題だ。昨年からアナリストの公正さの問題もたびたびメディアでも取り上げられるようになった。しかし、これは今始まったことではなく、古くから指摘されている問題でもある。本書第9章には、「エンロン株が高値から八〇％も下落し、回復の見込みも危うい状況下だというのに、エンロン株をフォローしていた一七人のアナリストのうち、一〇人が〝ストロング・バイ（強い買い推奨）〟のレーティングをしていたのだ」という記述がある。また、第6章ではUBSペインウェバーのチャン・ウーというアナリストがエンロン株の投資価値について「警告」したレポートを顧客に送信し、解雇された経緯が説明されている。日本でも日本証券アナリスト協会規律委員会が「職業行為基準」を定めて「公正かつ客観的な判断」をするように個々のアナリストに求めている。しかし問題の本質は個人レベルに矮小化されたものではないと思われる。むしろ、有価証券の発行体や、その引受機関、ブローカー、投資家、監督官庁などが包括的にアナリストという職の存在理由を再検討し、制度全体を作り替える必要がある。つまり〝御用アナリスト〟とそうでないアナリストを分別し、市場の健康回復に資するのである。

本書掲載の「エンロン年表」は二〇〇二年四月一九日で終わっているが、その後の大きな流れでは、次のようなことが起こっている。

2002年

5月1日 ワールドコムCEO辞任、SECが会計疑惑を調査へ
6月28日 SECが年次報告書の正確性の宣誓書を要請
7月21日 ワールドコム、過去最大の米企業破綻（総資産一、〇三八億ドル）、破産申請へ
7月22日 シティグループがエンロンの会計操作に加担か？の報道
7月30日 米企業改革法が成立、即日発効
　　　　IBMがPwCのコンサルティング部門を取得（三五億円）
8月8日 ワールドコム、新たに二〇億ドルの粉飾が発覚
8月16日 年次報告書の正確性について、一一社が基準を満たせず
8月20日 エンロン、元会計係マイケル・コッパー有罪を認める発言

8月30日　アンダーセンが監査業務を停止、解体へ
9月27日　アンダーセン・ワールドワイドが和解金として、約七一億円をエンロン株主らに支払うことで合意
10月2日　アンドリュー・ファストウ前CFOが逮捕される
10月17日　エンロン主任のティモシー・ベルデンが、カリフォルニア州の電力危機に際して商品の価格操作などをしたことを認める

最後に、著者が未だ解明されていないと書いているJ・クリフォード・バクスターの死因についてもふれておきたい。バクスターは今年一月二五日深夜、自分のメルセデスの中でピストル自殺したとされている。「エンロン・ファイル」にあるとおり〝署名のない〟遺書も残っている。だが、自殺の動機が不鮮明だ。そこで訳者は所轄の警察に問い合わせてみたが、「自殺である。この問題は解決済みだ。これ以上は何も言うことはない」との返事が地元の警察から届いた（地元警察の判断は米国テキサス州〝Sugar Land Police Department〟のホームページにあるニュースリリースにもある。同州ハリス郡検死官の検死報告書もインターネットで読むことができる）。この問題は今のところ、全米を揺るがす〝エンロン・ゲート〟スキャンダルに発展する見込みは薄い。しかしバクスターの〝自殺〟の動機はエンロン破綻が残した謎の一つだ。冥福を祈りたい。

翻訳にあたっては、この本の翻訳出版を企画された株式会社税務経理協会の社長室長である大坪克行氏、製作担当の杉浦奈穂美氏をはじめ、多くの方々のお世話になった。ここに御礼を申し上げる。

エンロンが破綻した物語のインプリケーションは、圧倒的だった——翻訳後の感想である。まさに、米国がエンロンを大きくしたようなもので、エンロンがあのまま会計不正を続けられていたら、米国が金融不安によって自爆してしまったかもしれない。この意味では、拝金主義の米国をエンロンは身を以って救ったのかもしれない。

二〇〇二年一〇月二〇日

橋本　碩也

(matajira@po.iijnet.or.jp)

Press (March 28).
Watkins, Sherron. 2001. Letter to Ken Lay (August).
Wee, Heesun. 2002. "Kinder Morgan's Brunch with Enronitis." *Business Week* (March 11).
Weiss, Stephen. 2001. "The Fall of a Giant : Enron's Campaign Contribution and Lobbying." www.opensecrets.org (November 9).
Welch, Jack, with John A. Byrne. 2001. *Jack : Straight from the Gut*. NewYork : Warner Books. (邦訳『ジャック・ウェルチ わが経営』日本経済新聞社刊)
White, Ben. 2002. "House Panel Wants Wall Street Enron Data" *Washington Post* (March 7).
Whitlock, Craig, and Peter Behr. 2002. "CEO Pushed Hard for Transformation of Firm." *Washington Post* (February 15).
Zellner, Wendy. 2002. "Jeffrey Skilling : Enron's Missing Man." *Business Week* (February 11).
Zellner, Wendy, and Stephanie Anderson Forest. 2001. "The Fan of Enron." *Business Week* (December 17).

berg Markets (January).

Stewart, James B. 1991. *Den of Thieves*. New York : Simon & Schuster.（邦訳『ウォール街 悪の巣窟』ダイヤモンド社刊）

Swartz, Mimi. 2002. "Houston Postcard : An Enron Yard Sale." *New Yorker* (May 8).

"Taking Stock." 2002. *Washington Post* (February 4), p. A04.

"These Boots Are Made for Walking." 2002. *CARP Risk Review* (March／April).

"Timeline : Enron." 2002. *Guardian Unlimited* (February 4). http : //guardian.co.uk/enron/story/0,11337.638640.00 html.

"Timeline of Enron's Collapse." 2002. *Washington Post* (February 25). http://washingtonpost.com/wp-dyn/articles/A25624-2002Jan10.html.

Tran, Mark. 2002. "Enron Sting Used Fake Command Center." *Guardian* (February 21).

Tufano, Peter, and Sanjay Bhatnagar. 1994. "Enron Gas Services." Harvard Business School Case Study 9-294-076.

Useem, Michael. 2002. "Enron's Kenneth Lay : The Last RoadNot Taken." *Knowledge @Wharton* online biweekly newsletter (April 10-23). http://knowledge.wharton.upenn.edu/articles.cfm?catid=2&articleid=541.

Wallstin, Brian. 2002. "Living in a House of Cards." *Houston*

Roane. 2002. *U.S. News & World Report* (January 28).
Schwartz, John. 2002. "Darth Vader. Machiavelli. Skilling Set Intense Pace." *New York Times* (January 7).
Scotti, Ciro. 2002. "How to Make the Enron Gang Pay." *Business Week* (February 21).
"Seeds of Scandal." 2002. *U. S. News & World Report* (March 18).
"Selling High." 2002. *Washington Post* (January 27), p. A 10.
Shook, Barbara. 2001. "Future Enron Seen as Mere Shadow." *Oil Daily* (December 5).
Smith, Rebecca. 2002. "New Power Saga Shows How Enron Tapped IPO Boom to Boost Results." *Wall Street Journal* (March 26).
Smithson, Charles. 1996. *Managing Financial Risk 1996 Yearbook*. New York : Canadian Imperial Bank of Commerce.
Smithson, Charles. 1997. *Managing Financial Risk 1997 Yearbook*. New York : Canadian Imperial Bank of Commerce.
Smithson, Charles. 1998. *Managing Financial Risk 1998 Yearbook*. New York : Canadian Imperial Bank of Commerce.
Smithson, Charles. 1999. *Managing Financial Risk 1999 Yearbook*. New York : Canadian Imperial Bank of Commerce.
Stark, Betsy. 2002. "Enron Caution Prompts Analyst Firing." abcNEWS. com (March 26).
Steffy, Loren. 2002. "Andrew Fastow:Mystery CFO." *Bloom-*

Miller, Ross M. 2002. *Paving Wall Street: Experimental Economics and the Quest for the Perfect Market*. New York: John Wiley & Sons.

Moody's Special Comment. 2001. "The Unintended Consequences of Rating Triggers." (December 7).

"One Big Client, One Big Hassle." 2002. Special Report. *Business Week* (January 28).

"The Players." 2002. *Houston Chronicle* (January 24, 2:52P.M.). www.chron.com/cs/CDA/story.hts/special/enron/1127106.

Powers, William C., Jr., Raymond S. Troubh, and Herbert S. Winokur Jr. 2002. *Report of Investigation by the Special Investigation Committee of the Board of Directors of Enron Corp.* (February 1).

Puscas, Darren. 2002. "A Guide to the Enron Collapse." *Corporate Profiles* (Canadian Centre for Policy Alternatives) (March).

Roberts, Johnny, and Evan Thomas. 2002. "Enron's Dirty Laundry." *Newsweek* (March 11).

Robinson, Edward. 2002. "The NewPower Debacle." *Bloom-berg Markets* (January).

Romano, Lois, and Paul Duggan. 2002. "'Low-Profile Guy' Was Wizard Behind Enron's Complex Books." *Washington Post* (February 7), p. A15.

Schmitt, Christopher, Megan Barrett, Julian Baines, and Kit

"Lay Resigns as Chairman and CEO of Enron, Remains on Board of Directors." 2002. Enron press release (January 23).

LeBoutillier, John. 2002. "From Harvard to Enron." *New York Daily News* (January 10).

"Letter from Lay's Attorney to Committee Chair." 2002. www.cnn.com (February 3).

Levitt, Arthur, Jr. 2002. "What's Bred in the Bone." *Bloomberg Personal Finance* (April).

Lynch, Kevin, Michael Hanrahan, and David Wright. 2002. "Enron: Exclusive *Enquirer* Investigation." *National Enquirer* (February 25).

"Man on the Hot Seat." 2002. *U. S. News & World Report* (January 28).

Mason, Julie. 2001. "Andersen Fires Enron Auditor." *Houston Chronicle* (January 16).

Mason, Julie. 2002. "Congressmen Cry Foul in Enron's Self-Investigation." *Houston Chronicle* (February 1). www.chron.com/cs/CDA/story.hts/special/enron/1237367.

Mason, Julie. 2002. "Employee Note Warned Lay." *Houston Chronicle* (January 15).

McLean, Bethany. 2001. "Is Enron Overpriced?" *Fortune* (March 5).

McLean, Bethany. 2001. "Why Enron Went Bust." *Fortune* (December 24).

Gruley, Bryan, and Rebecca Smith. 2002. "Anatomy of a Fall : Keys to Success Left Kenneth Lay Open to Disaster." *Wall Street Journal* (April 26).

Hanson, Eric. 2002. "Attorney General Orders Release of ex-Enron Executive's Suicide Note." *Houston Chronicle* (April 11, 5 :59P.M.). www.chron.com/cs/CDA/story.hts/special/enron/1361816.

"Indian State Spurred by Enron Reopens Power Deals." 2001. Reuters Newswire (May 22).

Ivanovich, David. 2002. "Local Feds, Ashcroft Recused from Inquiry." *Houston Chronicle* (January 11).

Jameson, Rob. 2001. "Enron's Off-Balance Machine." ERisk.com (December).

Johnson, Carrie. 2002. "Enron Case Shapes Up as Tough Legal Fight." *Washington Post* (February 18).

Kaplan, David, and L. M. Sixel. 2001. "Enron Lays Off 4,000." *Houston Chronicle* (December 4).

Ketcham, Christopher. 2002. "Enron's Human Toll." Salon.com (January 23).

Krandell, Kathryn. 2002. "Taking Fifth before Congress Hasn't Always Been a Public Affair." *Wall Street Journal* (February 13).

Krantz, Matt. 2002. "Trouble Brewing in Enron's Interlinking Partnerships." *USA Today* (January 21).

Lay, Kenneth. 2001. E-mail to employees dated October 2.

"Enron Reports Record First Quarter Recurring Earnings of $0.47 per Diluted Share; Increases Earnings Expectations for 2001." 2001. Enron corporate press release (April 17).

"Enron Scandal Brings Overdue Scrutiny of Analysts." 2002. *USA Today* (March 24).

"Enron's J Clifford Baxter: A Profile." 2002. BBC News. (January 27). www.bbc.co.uk.

"Enron: Skilling Blames Others." 2001. http://money.cnn.com (February 26).

"Enron's Rebecca Mark: 'You Have to Be Pushy and Aggressive.'" 1997. *Business Week* (February 24).

"Enron Vice Chairman Cliff Baxter Resigns." 2001. Enron corporate press release (May 2).

Fink, Roland. 2002. "Beyond Enron." *CFO Magazine* (February).

Frey, Jennifer. 2002. "Low-Profile Partnership Head Stayed on Job Until Judge's Order." *Washington Post* (February 7), p. A15.

Fusaro, Peter. 2000. *Energy Derivatives: Trading Emerging Markets*. New York: Energy Publishing Enterprises.

Fusaro, Peter. 2001. "California Energy Crisis Report." New York: Global Change Associates (March).

Fusaro, Peter. 2001. *Enron 2001: An Inside View*. New York: Global Change Associates (July).

Reference

参考文献

Ackman, Dan. 2002. "No Sweat for Skilling." Forbes. com (February 27).

Ahrens, Frank. 2002. "Enron Expects Asset Write-Off of $14 Billion." *Washington Post* (April 23).

"Azurix : The Roller-Coaster Years." 2002. *Platts Global Water Report* (January 25).

Banjeree, Nela. 2002. "At Enron, Lavish Excess Often Came before Success." *New York Times* (February 2).

"Bankruptcy Judge Approves $1,110 for Each Laid-Off Enron Worker." 2002. *Houston Chronicle* (March 5).

Barboza, David, and Barnaby Feder. 2002. "Enron's Swap with Qwest Questioned." *New York Times* (March 29).

Barboza, David, and Kurt Eichenwald. 2002. "Lay's Son, Sister Profited from Dealings with Enron." *New York Times* (February 1).

Barnes, Julian, Megan Barnett, and Christopher Schmidt. 2002. "How a Titan Came Undone." *U. S. News & World Report* (March 18). www. usnews. com/usnews /biztech/articles/020318/18enron. htm.

Baxter, J. Clifford. 2002. Suicide note found on January 25.

Behr, Peter. 2001. "Enron Discloses SEC Inquiry." *Washington Post* (October 23), page E03.

Behr, Peter. 2001. "Enron Says Profit Was Overstated." *Washington Post* (October 23).

Behr, Peter. 2002. "How Chewco Brought Down an Empire." *Washington Post* (February 4).

Behr, Peter, and April Witt. 2002. "Ex-Enron Executive Related a Dispute." *Washington Post* (March 18). www.washingtonpost.com/wp-dyn/articles/A47396-2002Mar18.html.

Behr, Peter, and Dan Eggen. 2002. "Enron Is Target of Criminal Probe." *Washington Post* (January 10).

Behr, Peter, and Robert O'Harrow Jr. 2002. "$270 Million Man Stays in the Background." *Washington Post* (February 6), pageA01.

Berthelsen, Christian, and Scott Winokur. 2001. "Chairman Pitches His Plan to Prominent Californians." *San Francisco Chronicle* (May 26).

Bierman, Harold, Jr. 2002. "The Enron Collapse." Unpublished manuscript (May).

Bivins, Ralph. 2001. "Ripples from Enron Hit Downtown." *Houston Chronicle* (December 5).

Brenner, Marie. 2002. "The Enron Wars." *Vanity Fair Issue*

No. 500 (April).

"Bush and Enron's Collapse." 2002. *The Economist* (January 11). www.economist.com/agenda/displayStory.cfm?story_id=938154.

"CalPERS and Enron: The Losses, the Relationship, and the Future." CalPERS web site: www.calpers.ca.gov/whatshap/hottopic/enron.htm.

Ceconi, Margaret. 2001. E-mail to Kenneth Lay (August 29).

Chatterjee, Sajan, and Batten Fellow. 2002. "Enron's Strategy: The Good, Bad, and the Ugly; What Can We Learn?" Unpublished manuscript (January).

"Could Have Been Much More." 2001. *The Desk* (November 30).

"Dynegy Confirms Discussions with Enron." 2001. Dynegy Inc. corporate press release (November 8).

"Dynegy and Enron Announce Merger Agreement." 2001. Dynegy Inc. corporate press release (November 9).

"Dynegy Terminates Merger with Enron." 2001. Dynegy Inc. corporate press release (November 28).

Enron 1998 Annual Report. 1999.

Enron 1999 Annual Report. 2000.

Enron 2000 Annual Report. 2001.

"Enron and Enron Oil & Gas Announce Share Exchange Agreement, Creating Independent EOG." 1999. Enron corporate press release (July 20).

"Enron Announces J-Block Settlement." 1997. Enron corporate press release (June 2).

"Enron Announces Promotion of Jeff Skilling to CEO, Ken Lay Remains as Chairman of the Board." 2001. Enron corporate press release (December 13).

"Enron Announces Skilling Resignation ; Lay Assumes President and CEO Duties." 2001. Enron corporate press release (August 14).

"The Enron Bankruptcy." 2002. www.cspan.org.

"Enron Board of Directors." 2002. *Guardian Unlimited* (March 21 download).

"Enron Capital & Trade Resources to Purchase New Jersey Power Plants." 1998. Enron corporate press release (October 30).

"Enron India, Mauritius Subsidiaries File for Bankruptcy." 2002. Platts. com (March 21).

"Enron Makes a Bold Move into California Electricity Market." 1997. Enron corporate press release (October 23).

"Enron Named Most Innovative Company for Sixth Year." 2001. Enron corporate press release (February 6).

"Enron Provides Additional Information about Related Party and Off-Balance Sheet Transactions ; Company to RestateE arnings for 1997-2001." 2001. Enron corporate press rel ease (November 8).

ま

み

む

め

も

ゆ

よ

ら

り

す

せ

そ

た

―― か ――

―― き ――

―― く ――

―― け ――

Index

索　　引

【著者紹介】

PETER C. FUSARO（ピーター・フサロ）

エネルギー産業向けにコンサルティング・サービスを提供するグローバル・チェンジ・アソシエーツの創立者で社長。過去13年間，エネルギー産業全般に関すること，エネルギーの危機管理のこと，そしてエンロンについて，精力的に研究し発表してきた。エンロンについての調査は，破綻する以前から手がけており，そのビジネス・モデル，企業体質など，広範囲に及んでいる。そのため，著者がこれまで発表してきたものはエンロンの劇的な崩壊を調査し始めた研究者たちから，常に引用される文献となっている。著書には『エネルギー・デリバティブの世界』（東洋経済新報社）などがある。

フサロは27年間にわたって国際的にエネルギー関係の仕事に携わっており，エネルギー関係の会議では世界の各地でスピーチをしている。現在，米国エネルギー省のアドバイザーで，国際エネルギー経済協会（International Association of Energy Economics）ニューヨーク支部の会長を務める。フサロはカーネギー・メロン大学でＢＡ（文学士）を得て，タフツ大学では国際関係論でＭＡ（文学修士）を取得している。

ROSS M. MILLER（ロス・M. ミラー）

ミラー・リスク・アドバイザーの創立者で社長。ヒューストン大学，カリフォルニア工科大学，ボストン大学で数年間ファイナンスおよび経済学を教えた後，ゼネラル・エレクトリックでファイナンス（資金調達）を数量的に調査するグループを立ち上げた。また，国際的な投資銀行ではシニア・バイス・プレジデント兼ディレクター・オブ・リサーチ（調査担当）でもあった。

ミラーは実験経済学のパイオニアと目されており，ＦＴＣ（連邦公正取引委員会）や国務省のコンサルタントを務めたこともある。また，“スマート・マーケット”と呼ばれているインテリジェント・エレクトロニック・マーケット・システム（電子マーケット・システム）の研究では，ミラーは名前が知られている。ミラーはカリフォルニア工科大学で数学の学位を取り，その後ハーバード大学で経済学のPh. D（博士号）を取得している。現在，妻，二人の子供とともにニューヨーク州在住。

【訳者紹介】

橋本 碩也（はしもと せきや）

1947年，三重県生まれ。70年，日本リーダーズ ダイジェスト社入社。月刊誌の日本語版，国際版などの記者，編集者，また，単行本の企画，編集などに携わる。85年，証券系経済研究所へ移る。アナリストとして各産業セクターの調査，マクロ・ミクロ経済の研究・分析，情報・運用ストラテジスト，商品・金融先物などの調査・業務に就く。著書・共著は『半導体産業の先を読む』，『外国銘柄250社』など。翻訳書（監修サポート）は，『影響力の代理人』他。その後，大手新聞社英字新聞，フリーランスで講演・翻訳・執筆活動などを経て，現在ＰＲ会社に勤務。

連絡先：matajira@po.iijnet.or.jp

訳者との契約により検印省略

平成14年11月20日　初版第１刷発行

エンロン崩壊の真実

著　　者	PETER C. FUSARO ROSS M. MILLER
訳　　者	橋　本　碩　也
発 行 者	大　坪　嘉　春
印 刷 所	税経印刷株式会社
製 本 所	株式会社　三森製本所

発行所　東京都新宿区下落合２丁目５番13号　株式会社　税務経理協会

郵便番号 161－0033　振替 00190－2－187408　電話(03)3953－3301(大代表)

FAX(03)3565－3391　(03)3953－3325(営業代表)

URL http://www.zeikei.co.jp/

乱丁・落丁の場合はお取替えいたします。

ISBN4－419－04150－1　C2034